Max Born

Untersuchungen über die Stabilität der elastische Linie in Ebene und Raum

unter verschiedenen Grenzbedingungen

bremen university press

Max Born

Untersuchungen über die Stabilität der elastische Linie in Ebene und Raum

unter verschiedenen Grenzbedingungen

ISBN/EAN:

Auflage: 1

Erscheinungsjahr: 2013

Erscheinungsort: Bremen, Deutschland

bremen
university
press

Untersuchungen über die

Stabilität der elastischen Linie in Ebene und Raum,

unter verschiedenen Grenzbedingungen.

Von

Max Born
aus Breslau.

Am 13. Juni 1906 von der hohen philosophischen Fakultät der Georg-August-Universität zu Göttingen

gekrönte Preisschrift.

Die vorliegende Preisschrift dient zugleich als Inaugural-Dissertation.

Die Preisaufgabe lautet:

Untersuchungen über die Stabilität der elastischen Linie in Ebene und Raum, unter verschiedenen Grenzbedingungen.

Das Urteil der Fakultät lautet:

Die Arbeit behandelt die von der Fakultät gestellte Aufgabe zwar nicht erschöpfend, aber sie ist mit Sachkenntnis und großem Fleiße geschrieben und enthält eine Reihe von Ergebnissen, die als wesentliche Fortschritte in der Erkenntnis des Gegenstandes anzusehen sind.

Tag der mündlichen Prüfung: 11. Juli 1906.

Referent: Herr Prof. Dr. C. Runge.

Dem Andenken meiner Eltern gewidmet.

Einleitung.

Während die über das Problem der Stabilität der elastischen Linie vorhandenen Untersuchungen[1]) fast durchweg die Methode der kleinen Schwingungen, deren Mängel bekannt sind, benützen, wird in den folgenden Betrachtungen das von Lagrange gefundene, von Dirichlet für die Mechanik diskreter Massen zuerst streng bewiesene[2]) Prinzip zu Grunde gelegt, welches als hinreichende Bedingung der Stabilität aussagt, daß die potentielle Energie ein Minimum ist. Dieses Kriterium benützt auch A. E. H. Love in seinem „Treatise on the Theory of Elasticity"[3]), doch scheint sein Verfahren anfechtbar. Er vergleicht die Werte der potentiellen Energie in allen Gleichgewichtslagen, die bei gegebenen Randbedingungen möglich sind, und behauptet, daß die Form, der der kleinste dieser Werte entspricht, die stabile sei. In der Tat gibt es in zahlreichen Fällen mehr als eine stabile Gleichgewichtslage.

In einem einleitenden Paragraphen werde ich eine Reihe einfacher Sätze der Variationsrechnung aufzählen. Nachdem ich dann die physikalischen Hypothesen formuliert und begründet habe, wende ich mich zur Untersuchung der Stabilität der ebenen Elastika, und zwar in folgenden Fällen: Beide Enden des Drahtes sind festgeklemmt; ein Ende ist festgeklemmt, das andere spielt entweder in einer Röhre oder in einer Öse oder gleitet

---

1) Hess, Biegung und Drillung eines elastischen Stabes; Math. Ann. Bd. XXIII, 1884 u. Bd. XXV, 1885. — A. B. Basset, On the Deformation of Thin Elastic Wires; Amer. Journ. of Math., Vol. XVII, 1895. — J. H. Michell, Stability of a bent and twisted wire; The Mess. of Math., Lond. a. Cambr. Bd. XIX.

2) Crelles Journ. Bd. 32, 1846.

3) Auch in der Abhandlung: Love, Stability of a thin Elastic Rod; Lond. M. S. Proc. XVII, 1895.

längs einer gegebenen geraden Linie oder trägt einen schweren starren Körper.

Der erste Fall, der auf den ersten Blick der einfachste zu sein scheint, hat mich zu keinem diskutierbaren Resultate geführt; ich mußte mich darauf beschränken, durch einige einfache Experimente mich über die Erscheinung zu orientieren. Die andern Fälle lassen sich mehr oder weniger vollkommen durchführen; den letzten Fall insbesondere habe ich graphisch behandelt und die Resultate durch das Experiment bestätigt.

Der zweite Teil ist der räumlichen Elastika gewidmet, und zwar bei zwei verschiedenen Grenzbedingungen. Die erste, bei der beide Enden des Drahtes festgeklemmt sind, führt ebenso wenig, wie der entsprechende ebene Fall, auf ein befriedigendes Ergebnis. Dagegen lassen sich in dem zweiten Beispiele, wo ich das eine Ende des Drahtes festklemme, das andere durch einen schweren, starren Körper belaste, eine Reihe von Aussagen über das Verhalten des Drahtes machen.

Anhangsweise gebe ich eine Herleitung des Dirichletschen Stabilitätskriteriums aus dem Hamiltonschen Prinzipe.

§ 1. Einige Sätze der Variationsrechnung.

Um Wiederholungen zu vermeiden, stelle ich hier einige bekannte Sätze der Variationsrechnung in derjenigen Form zusammen, in der ich sie später gebrauchen werde.

Ich betrachte das folgende Variationsproblem: Es ist die Kurve $y = y(x)$, $z = z(x)$ im xyz-Raume zu finden, die das Integral

$$(1) \qquad \int_{a_1}^{a_2} F(y', z', y, z, x)\, dx$$

zum Minimum macht im Vergleich mit allen Kurven, die der Nebenbedingung

$$G(y', z', y, z, x) = 0$$

genügen.

Dabei sollen F, G analytische, durchaus reguläre Funktionen ihrer Argumente bedeuten.

Je nach den Bedingungen, denen y, z an den Endpunkten $x = a_1$, $x = a_2$ des Integrationsintervalles genügen müssen, werde ich im folgenden eine Reihe von Fällen unterscheiden.

Als notwendige Bedingung für das Eintreten des Minimums hat man jedenfalls das Lagrangesche Kriterium: Es muß sich eine

Funktion $\lambda(x)$ finden lassen, die mit $y(x)$, $z(x)$ zusammen den Differentialgleichungen

$$(2)\qquad \begin{aligned} \frac{d}{dx}\frac{\partial(F+\lambda G)}{\partial y'} - \frac{\partial(F+\lambda G)}{\partial y} &= 0 \\ \frac{d}{dx}\frac{\partial(F+\lambda G)}{\partial z'} - \frac{\partial(F+\lambda G)}{\partial z} &= 0 \\ G(y', z', y, z, x) &= 0 \end{aligned}$$

genügt. Ich setze fortan stets:

$$(3)\qquad F^* = F + \lambda G.$$

Damit das Differentialgleichungssystem (2) regulär ist, setze ich voraus, daß die Determinante

$$(4)\qquad \varDelta = \begin{vmatrix} \frac{\partial^2 F^*}{\partial y'^2} & \frac{\partial^2 F^*}{\partial y' \partial z'} & \frac{\partial G}{\partial y'} \\ \frac{\partial^2 F^*}{\partial z' \partial y'} & \frac{\partial^2 F^*}{\partial z'^2} & \frac{\partial G}{\partial z'} \\ \frac{\partial G}{\partial y'} & \frac{\partial G}{\partial z'} & 0 \end{vmatrix}$$

von 0 verschieden ist. Ist das der Fall, so haben die Gleichungen (2) eine vierparametrige Schar von Lösungen:

$$(5)\qquad \begin{aligned} y &= y(x;\alpha,\beta,\gamma,\delta) \\ z &= z(x;\alpha,\beta,\gamma,\delta) \\ \lambda &= \lambda(x;\alpha,\beta,\gamma,\delta). \end{aligned}$$

Von diesen wird durch die Grenzbedingungen (in der weiter unten zu besprechenden Weise) eine ganz bestimmte, mit der Belegung λ versehene Kurve y, z ausgeschieden; diese liefert ein tatsächliches Minimum des Integrals in dem verlangten Sinne unter zwei Voraussetzungen [1]):

1) Die zu untersuchende Extremale läßt sich mit einem, gemäß den Grenzbedingungen zu konstruierenden, zweiparametrigen, regulären Felde von Extremalen umgeben. Wird dieses Feld durch

$$(5')\qquad \begin{aligned} y &= y(x;\alpha,\beta) \\ z &= z(x;\alpha,\beta) \end{aligned}$$

1) die, obwohl keineswegs die allgemeinsten, für die hier zu behandelnden Fälle vollständig ausreichen.

dargestellt, so ist es regulär, solange die Jacobische Determinante

$$D(x;\alpha,\beta) = \begin{vmatrix} \frac{\partial y}{\partial \alpha} & \frac{\partial y}{\partial \beta} \\ \frac{\partial z}{\partial \alpha} & \frac{\partial z}{\partial \beta} \end{vmatrix} \tag{6}$$

längs unserer Extremalen von 0 verschieden ist. Der auf den Punkt $x = a_1$ dieser Kurve zunächst folgende Nullpunkt von D heißt der zu $x = a_1$ konjugierte Punkt. Die konjugierten Punkte auf allen Extremalen des Feldes liegen auf der Enveloppe der Feldkurven.

2) Die Weierstraßsche E-Funktion

$$\begin{gathered} E(y',z',p,q) = F^*(y',z',\lambda) - F^*(p,q,\lambda) - (y'-p)\,F^*_p - (z'-q)\,F^*_q \\ \left[F^*_p(p,q,\lambda) = \frac{\partial F^*(p,q,\lambda)}{\partial p},\quad F^*_q(p,q,\lambda) = \frac{\partial F^*(p,q,\lambda)}{\partial q}\right] \end{gathered} \tag{7}$$

ist positiv definit in allen Variabeln $y', z', p, q, \lambda, y, z, x$; dann liefert jede Extremale des Feldes, soweit dieses existiert, ein „starkes“ Minimum, d. h. einen kleineren Integralwert als alle den Rand- und Nebenbedingungen genügenden und im Felde verlaufenden Kurven, wie sehr auch deren Richtung irgendwo von der Richtung der betrachteten Extremalen abweichen mag.

Die in dieser Arbeit vorkommenden Grenzbedingungen sind die folgenden:

1) Für $x = a_1$ sind $y = b_1$, $z = c_1$ und für $x = a_2$, $y = b_2$, $z = c_2$ gegeben, d. h. es sind zwei Punkte des xyz-Raumes durch die Kurve zu verbinden, die das Integral zum Minimum macht.

In diesem Falle konstruiere ich das Feld aus allen ∞^2 Extremalen, die durch einen der beiden gegebenen Punkte gehen. Die Enveloppe dieser zweiparametrigen, räumlichen Schar ist der Ort der zu dem ersten Punkte konjugierten Punkte.

2) Für $x = a_1$ sind $y = b_1$, $z = c_1$ gegeben, für $x = a_2$ aber eine Gleichung zwischen $y(a_2)$, $z(a_2)$ und a_2:

$$\varphi(y, z, x) = 0; \tag{8}$$

d. h. es ist der Punkt a_1, b_1, c_1 mit der Fläche $\varphi = 0$ durch die Minimalkurve zu verbinden.

Dann muß für die Extremalen des Feldes längs der Fläche $\varphi = 0$ die Grenzbedingung bestehen, daß der Ausdruck (der Integrand des Hilbertschen „Unabhängigkeitsintegrales“)

$$F^*(y', z', \lambda) + (\eta' - y')\,F^*_{y'} + (\zeta' - z')\,F^*_{z'} \tag{9}$$

für alle Richtungen η', ζ' in der Fläche $\varphi = 0$ verschwindet; das liefert zwei Gleichungen für die Richtungen y', z' der aus der Fläche austretenden Extremalen, die man so schreiben kann:

$$\frac{\partial\varphi}{\partial x} : \frac{\partial\varphi}{\partial y} : \frac{\partial\varphi}{\partial z} = H : F^*_{y'} : F^*_{z'} \quad \text{(für } x = a_2\text{)}, \tag{10}$$

wo ein für allemal zur Abkürzung gesetzt ist:

$$H = F^* - y' F^*_{y'} - z' F^*_{z'}. \tag{11}$$

Sind aus (10) y', z' in jedem Punkte der Fläche $\varphi = 0$ bestimmt, so konstruiert man am bequemsten das Feld so, daß man von jedem Punkte der Fläche $\varphi = 0$ diejenige Extremale ausgehen läßt, die diese Richtung y', z' hat (auf der Fläche „transversal“ steht).

Auf die so entstehende zweiparametrige Extremalenschar ist dann wieder das Jacobische Kriterium anzuwenden.

3) Für $x = a_1$ sind $y = b_1$, $z = c_1$ gegeben, für $x = a_2$ aber zwei Gleichungen zwischen $y(a_2)$, $z(a_2)$, a_2; d. h. es ist der Punkt a_1, b_1, c_1 mit der Kurve

$$y = \varphi(x), \; z = \psi(x) \tag{12}$$

durch die Minimalkurve zu verbinden. Auf der Kurve muß dann wieder der Ausdruck (9) verschwinden, d. h. man hat die Randbedingung:

$$F^*(y', z') + (\varphi' - y') F^*_{y'} + (\psi' - z') F^*_{z'} = 0 \quad \text{(für } x = a_2\text{)}. \tag{13}$$

Das Feld konstruiere ich folgendermaßen: Von den ∞^4 Extremalen (5) gehen ∞^2 durch die gegebene Kurve und ∞^1 durch jeden Punkt derselben; die Randbedingung (13) stellt in jedem dieser Punkte eine Relation zwischen den Richtungsgrößen y', z' dar; alle Extremalen, deren y', z' in einem bestimmten Punkte der Kurve diese Relation erfüllen, bilden eine einparametrige Schar. Bestimmt man so in jedem Kurvenpunkte diese ∞^1-Schar, so entsteht eine zweiparametrige Extremalenschar, welche von der Kurve „transversal“ ausstrahlt und als Feld dienen kann.

Fällt die Nebenbedingung $G = 0$ weg und ist spezieller nur eine Funktion y gesucht, so lassen sich die betreffenden Sätze einfach aus den aufgezählten allgemeinen ablesen. Auch was die Verallgemeinerung auf mehr unbekannte Funktionen und mehr

Nebenbedingungen angeht, ist wenig hinzuzufügen, da sowohl die Sätze, als auch die Formeln nach Analogie sofort hingeschrieben werden können. Nur einen Fall, der bei zwei unbekannten Funktionen noch nicht auftreten kann, habe ich anzuführen. Ich betrachte ein Variationsproblem mit drei gesuchten Funktionen y, z, t von x, welches sonst dieselben Voraussetzungen erfüllt wie (1); die Randbedingung soll lauten:

4) Für $x = a_1$ sind $y = b_1$, $z = c_1$, $t = d_1$ gegeben, für $x = a_2$ aber zwei Gleichungen zwischen den vier Größen $y(a_2)$, $z(a_2)$, $t(a_2)$, a_2; d. h. es ist im vierdimensionalen $xyzt$-Raume der Punkt a_1, b_1, c_1, d_1 mit einer zweidimensionalen Fläche zu verbinden, die in Parameterdarstellung durch die Gleichungen

$$x = \varphi_1(u, v), \quad y = \varphi_2(u, v), \quad z = \varphi_3(u, v), \quad t = \varphi_4(u, v) \tag{14}$$

gegeben sein möge.

Aus dem Hilbertschen Unabhängigkeitssatze folgt, daß längs der Fläche der Integrand des Unabhängigkeitsintegrales verschwinden muß:

$$H + y' F^*_{y'} + z' F^*_{z'} + t' F^*_{t'} = 0. \tag{15}$$

Aus (14) bekommt man durch Differentiation nach x:

$$\begin{aligned} 1 &= \frac{\partial \varphi_1}{\partial u} u' + \frac{\partial \varphi_1}{\partial v} v' \\ y' &= \frac{\partial \varphi_2}{\partial u} u' + \frac{\partial \varphi_2}{\partial v} v' \\ z' &= \frac{\partial \varphi_3}{\partial u} u' + \frac{\partial \varphi_3}{\partial v} v' \\ t' &= \frac{\partial \varphi_4}{\partial u} u' + \frac{\partial \varphi_4}{\partial v} v'. \end{aligned} \tag{15'}$$

Setzt man diese Werte in (15) ein, so muß die entstehende Gleichung für alle Werte von u', v' gelten; sie zerfällt also in die folgenden zwei:

$$\begin{aligned} H \frac{\partial \varphi_1}{\partial u} + F^*_{y'} \frac{\partial \varphi_2}{\partial u} + F^*_{z'} \frac{\partial \varphi_3}{\partial u} + F^*_{t'} \frac{\partial \varphi_4}{\partial u} &= 0 \\ H \frac{\partial \varphi_1}{\partial v} + F^*_{y'} \frac{\partial \varphi_2}{\partial v} + F^*_{z'} \frac{\partial \varphi_3}{\partial v} + F^*_{t'} \frac{\partial \varphi_4}{\partial v} &= 0 \end{aligned} \tag{16}$$

(für $x = a_2$).

Diese Randbedingungen ordnen jedem Punkte der Fläche (14) ∞^1 Richtungen zu; von den ∞^2 Punkten der Fläche strahlt also ein dreiparametriges Extremalenfeld aus, auf welches das Jacobische Kriterium anzuwenden ist.

Enthält F höhere als die ersten Ableitungen der unbekannten Funktionen, so führe ich diesen Fall auf den besprochenen zurück, indem ich so lange Nebenbedingungen, die für die Ableitungen neue unbekannte Funktionen einführen, hinzufüge, bis in F nur noch erste Ableitungen vorkommen.

§ 2. Physikalische Hypothesen.

Ein dünner, isotroper, vollkommen elastischer Draht von kreisförmigem Querschnitte, den man durch Kräfte, die in irgend einer Weise an seinen Enden angreifen, biegt und tordiert, nimmt mit großer Genauigkeit die Gestalt einer Kurve an, die man als elastische Kurve oder Elastika bezeichnet. Es handelt sich darum, zu untersuchen, welche Stücke dieser Kurven unter verschiedenen Grenzbedingungen stabil sind.

Zur Darstellung der Erscheinung mache ich folgende Abstraktionen:

Den Draht sehe ich an als ein eindimensionales, kontinuierliches Gebilde, welches unter dem Einfluß gewisser äußerer Kräfte und Bedingungen und seiner eigenen inneren Spannkraft eine bestimmte Gleichgewichtslage einnimmt. Die Schwere des Drahtes sowie innere Reibungskräfte werden in der Regel vernachlässigt. Ich betrachte den Draht sowohl als ebenes Gebilde, indem ich ihn durch reibungslose äußere Führungen gezwungen denke, in einer Ebene zu bleiben, als auch frei im Raume; im ersteren Falle spreche ich kurz vom „ebenen" Draht, im zweiten vom „räumlichen."

Ich mache nun zwei Hypothesen, auf Grund deren die Gleichgewichtslage zu bestimmen ist:

1) Die inneren Spannungen haben eine potentielle Energie, welche im Falle des ebenen Drahtes den Ausdruck

$$U = \int_0^l \frac{A}{2} \frac{1}{\varrho^2} ds,$$

im Falle des räumlichen Drahtes den Ausdruck [1])

1) Den auf eine Längsstreckung bezw. Kompression bezüglichen Term der potentiellen Energie, der sich z. B. bei Love findet, vernachlässige ich durchweg; es scheint das erlaubt, weil diese Längenänderungen gegenüber den endlichen, durch Biegung und Drillung hervorgerufenen Deformationen unendlich klein sind. Ferner ist zu beachten, daß nur unter der Annahme eines isotropen Drahtes mit kreisförmigem Querschnitte der eine Biegungsmodul A ausreicht.

$$U = \int_0^l \left\{ \frac{A}{2} \frac{1}{\varrho^2} + \frac{C}{2} \left(\frac{1}{\sigma} + \Phi' \right)^2 \right\} ds$$

hat; dabei bedeuten A, C zwei Konstanten, welche bezw. die Biegungs- und Torsionssteifigkeit genannt werden; $\frac{1}{\varrho}$ ist die Krümmung, $\frac{1}{\sigma}$ die geometrische Torsion der elastischen Kurve, während die Funktion $\Phi(s)$ die physikalische Torsion (den inneren Drall) mißt; die Integration ist längs des ganzen in Betracht kommenden Kurvenstückes von $s = 0$ bis $s = l$ zu erstrecken.

Man kann diese Hypothese entweder als Erfahrungstatsache ansehen, indem die Folgerungen, die man aus ihr zieht, mit dem Experiment übereinstimmen; oder, wie Kirchhoff gelehrt hat[1], als eine Folge der allgemeinen Elastizitätstheorie, aus der sich der Ausdruck U durch Grenzübergang zum eindimensionalen Gebilde ergibt.

2) Gleichgewicht tritt ein, wenn die potentielle Energie des Systems unter Berücksichtigung der vorhandenen Nebenbedingungen stationär ist, und das Gleichgewicht ist stabil, wenn sie ein wirkliches Minimum hat.

Dieses Dirichletsche Stabilitätskriterium übertrage ich zunächst ohne weiteres von der Mechanik diskreter Massen, wo es aus dem Energiesatze leicht bewiesen wird, auf die im folgenden zu betrachtenden Systeme, welche ein Drahtstück, also ein kontinuierliches Massensystem, enthalten. Im Anhange aber werde ich diese Hypothese auf eine andere (vielleicht natürlichere) zurückführen, nämlich auf die Gültigkeit des Hamiltonschen Prinzips für das betreffende schwingende, träge System; der Beweis des Stabilitätskriteriums besteht in einer Herleitung des Energiesatzes aus dem Hamiltonschen Prinzipe, worauf dann unter Benutzung des Osgoodschen Satzes dieselben Überlegungen zum Ziele führen, wie in der Punktmechanik.

Diese Annahmen genügen, um alle möglichen Fälle der elastischen Kurve zu behandeln[2].

1) Vergl. etwa Love, Treatise etc., II, Kap. XV.

2) Auf eine geometrische Diskussion dieser Kurven gehe ich nur so weit ein, als ich es brauche, und verweise im übrigen auf die Darstellung bei Love.

Erster Teil.

Die ebene Elastika.

§ 3. Die Differentialgleichungen des an beiden Enden festgeklemmten Drahtes.

Der ebene Draht sei an seinen beiden Enden fest eingeklemmt; es sei also die Drahtlänge l zwischen den Enden, die geradlinige Entfernung derselben und der Richtungsunterschied zwischen den Tangenten an die Kurve an den Enden gegeben.

In der Ebene des Drahtes lege ich ein rechtwinkliges Koordinatensystem xy so, daß das eine Ende des Drahtes mit dem Nullpunkt O und die gegebene Anfangsrichtung des Drahtes mit der x-Axe zusammenfällt. Mit s bezeichne ich die Bogenlänge, von O aus gemessen, mit ϑ den Winkel, den die Tangente an die Elastika (und zwar ihre mit wachsendem s übereinstimmende Richtung) mit der positiven x-Axe macht. Da ϑ in O den Wert 0

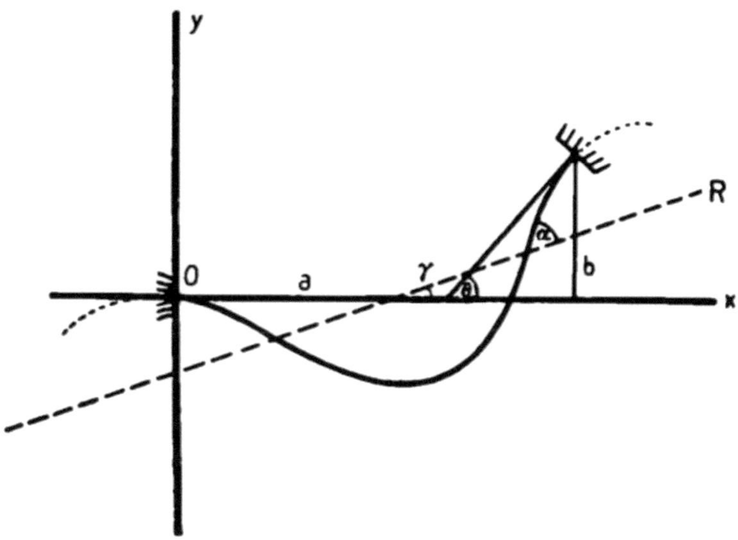

Fig. 1.

haben und sich stetig ändern soll, ist der Wert des Winkels in jedem Punkte der Kurve eindeutig bestimmt, wenn ein positiver Drehsinn festgelegt ist.

Gegeben sind dann folgende Grenzbedingungen:

1) Anfangs- und Endwert 0 und l von s.

2) Die Koordinaten $x = 0$, $y = 0$ des Anfangs-, $x = a$, $y = b$ des Endpunkts.

3) Der Wert $\vartheta = 0$ am Anfangs-, $\vartheta = \vartheta$ am Endpunkt.

Die potentielle Energie des Drahtes ist

$$U = \int_0^l \frac{A}{2} \cdot \frac{1}{\varrho^2} ds,$$

und man hat:

$$\frac{1}{\varrho} = \frac{\frac{d^2 y}{dx^2}}{\left(1 + \left(\frac{dy}{dx}\right)^2\right)^{\frac{3}{2}}}, \quad ds = \sqrt{1 + \left(\frac{dy}{dx}\right)^2} dx.$$

Das Variationsproblem, welches durch Anwendung des Dirichletschen Stabilitätskriteriums entspringt, lautet demnach:

$$\int_0^a \left\{ \frac{A}{2} \left[\frac{\frac{d^2 y}{dx^2}}{\left(1 + \left(\frac{dy}{dx}\right)^2\right)^{\frac{3}{2}}} \right]^2 \sqrt{1 + \left(\frac{dy}{dx}\right)^2} \right\} dx = \text{Min.},$$

während

$$\int_0^a \sqrt{1 + \left(\frac{dy}{dx}\right)^2} dx = l$$

ist; dabei sind die Werte

$$y(0) = 0, \quad \frac{dy}{dx}(0) = 0$$

$$y(a) = b, \quad \frac{dy}{dx}(a) = tg\,\vartheta$$

gegeben.

Da dieses Miminalproblem unter dem Integralzeichen auch die zweite Ableitung der unbekannten Funktion enthält, führe ich durch eine neue Nebenbedingung eine neue unbekannte Funktion ein; in diesem Falle ist es vorteilhaft, homogen zu machen, indem man s als unabhängige Variable einführt, und neben x und y ϑ als neue unbekannte Funktion hinzuzufügen. Man hat dann

$$\frac{d\vartheta}{ds} = \vartheta' = \frac{1}{\varrho}, \quad \frac{dx}{ds} = x' = \cos\vartheta, \quad \frac{dy}{ds} = y' = \sin\vartheta.$$

Das Variationsproblem geht in das folgende über:

$$\int_0^l \frac{A}{2}\vartheta'^2\,ds = \text{Min.}, \tag{1}$$

während

$$x' = \cos\vartheta, \quad y' = \sin\vartheta$$

ist, und die Werte

$$\begin{aligned} x(0) &= 0, & y(0) &= 0, & \vartheta(0) &= 0 \\ x(l) &= a, & y(l) &= b, & \vartheta(l) &= \theta \end{aligned} \tag{1'}$$

gegeben sind.

Die Nebenbedingungen kann man auch in Integralform so schreiben:

$$\int_0^l \cos\vartheta\,ds = a, \quad \int_0^l \sin\vartheta\,ds = b;$$

dann hat man ein isoperimetrisches Problem in der $s\vartheta$-Ebene; ich ziehe, um die Sätze des § 1 bequemer benützen zu können, die Form (1) vor, bei der x, y, ϑ gleichberechtigt sind.

Wir haben im $s\vartheta xy$-Raume den Punkt 0, 0, 0, 0 mit dem Punkte l, θ, a, b durch die Minimalkurve zu verbinden.

Ich setze gemäß § 1, (3):

$$F^* = \frac{A}{2}\vartheta'^2 + \lambda(\cos\vartheta - x') + \mu(\sin\vartheta - y'), \tag{2}$$

wo $\lambda = \lambda(s)$, $\mu = \mu(s)$ zwei Lagrangesche Multiplikatoren bedeuten.

Die Lagrangeschen Differentialgleichungen § 1, (2), lauten hier:

$$\begin{aligned} A\vartheta'' + \lambda\sin\vartheta - \mu\cos\vartheta &= 0 \\ \lambda' &= 0 \\ \mu' &= 0 \\ \cos\vartheta - x' &= 0 \\ \sin\vartheta - y' &= 0. \end{aligned} \tag{3}$$

Das sind fünf Gleichungen für die fünf Funktionen $\vartheta, x, y, \lambda, \mu$ von s. Die zweite und dritte liefern, wie wegen des isoperimetrischen Charakters der Aufgabe zu erwarten war,

$$\lambda = \text{const.}, \quad \mu = \text{const.}$$

Aus der ersten Gleichung bestimmt sich ϑ als Funktion von s und zwei Integrationskonstanten; die beiden letzten Gleichungen liefern dann x und y mit Hilfe zweier neuer Konstanten. Im ganzen haben wir sechs Konstanten, welche durch die sechs Daten (1') zu bestimmen sind.

Die erste Gleichung (3)

$$A\vartheta'' + \lambda \sin\vartheta - \mu \cos\vartheta = 0 \tag{3'}$$

ist nichts als die bekannte Gleichung der elastischen Linie in der Ebene; um das evident zu machen, setze ich

$$\begin{aligned} \lambda &= R \cos\gamma \\ \mu &= R \sin\gamma \end{aligned} \tag{4}$$

und führe R und γ an Stelle von λ und μ in (3') ein; dann bekomme ich die gewünschte Form:

$$A\vartheta'' + R \sin(\vartheta - \gamma) = 0. \tag{5}$$

Die physikalische Bedeutung von R und γ läßt sich aus (3') ablesen; ersetzen wir nämlich in (3') $\cos\vartheta$ durch x', $\sin\vartheta$ durch y' und integrieren, wobei die Integrationskonstante $R.d$ heißen möge, so bekommen wir:

$$A\vartheta' + \lambda y - \mu x + R.d = 0,$$

oder

$$A\vartheta' + R(y\cos\gamma - x\sin\gamma + d) = 0. \tag{5'}$$

Die Klammer bedeutet den Abstand des Punktes x, y der Elastika von der geraden Linie (Fig. 1)

$$y\cos\gamma - x\sin\gamma + d = 0,$$

welche vom Nullpunkt den Abstand d hat und mit der x-Axe den Winkel γ bildet. Deuten wir nun R als die Größe einer in dieser Geraden wirkenden statischen Kraft, so besagt die Gleichung (5'), daß das Biegungsmoment in jedem Punkte x, y der elastischen Linie, d. h. das Moment der Kraft R um diesen Punkt, proportional mit der Krümmung $\vartheta' = \frac{1}{\varrho}$ ist und der von dieser herrührenden Spannung das Gleichgewicht hält.

Das ist die Tatsache, von der man gewöhnlich bei der Theorie der elastischen Linie ausgeht; sie ist mit der Annahme, die wir über die potentielle Energie gemacht haben, völlig äquivalent.

Die Diskussion der Gleichung (5), die übrigens mit der Pendelgleichung übereinstimmt, zeigt bekanntlich, daß zwei Hauptformen der elastischen Linie zu unterscheiden sind, solche mit und solche ohne Wendepunkt. Ich erledige zunächst die Stabilitätsfrage für die letztere.

§ 4. Stabilität des wendepunktlosen, an beiden Enden festgeklemmten Drahtes.

Ich beweise den Satz:

Wenn ein an beiden Enden festgeklemmtes Drahtstück im Gleichgewicht keinen Wendepunkt enthält, so ist es stets stabil.

Aus dieser Formulierung geht hervor, daß der Satz auch für solche Stücke einer Elastika mit Wendepunkt gilt, welche keinen Wendepunkt enthalten.

Die Voraussetzung über das Fehlen von Wendepunkten macht s zu einer eindeutigen Funktion von ϑ und erlaubt, ϑ als unabhängige Variable an Stelle von s einzuführen; es wird dann auch der Krümmungsradius ϱ eine eindeutige Funktion von ϑ, die wir als die durch das Minimalproblem zu bestimmende Funktion ansehen können, da sowohl das zum Minimum zu machende Integral, als auch die Nebenbedingungen sich allein mit Hilfe von ϱ und ϑ ausdrücken lassen. Wegen

$$ds = \varrho d\vartheta$$

geht nämlich das Variationsproblem in das folgende über:

$$\int_0^\theta A \frac{1}{\varrho}\, d\vartheta = \text{Min.}, \tag{1}$$

während die drei Nebenbedingungen

$$\int_0^\theta \varrho d\vartheta = l, \quad \int_0^\theta \varrho \cos \vartheta d\vartheta = a, \quad \int_0^\theta \varrho \sin \vartheta d\vartheta = b \tag{1'}$$

bestehen (§ 3, (1)).

Da unter dem Integralzeichen in (1) die Ableitung der gesuchten Funktion ϱ überhaupt nicht vorkommt, so dürfen ihre Werte an den Enden des Integrationsintervalles nicht vorgeschrieben werden. Setzen wir

$$F^* = \frac{A}{\varrho} + \lambda\varrho + \mu\varrho \cos \vartheta + \nu\varrho \sin \vartheta, \tag{2}$$

wo λ, μ, ν drei (konstante) Lagrangesche Faktoren sind, so muß ϱ notwendig der Bedingung $\frac{\partial F^*}{\partial \varrho} = 0$ genügen; diese lautet:

$$(3) \qquad -\frac{A}{\varrho^2} + \lambda + \mu \cos\vartheta + \nu \sin\vartheta = 0$$

und ist nichts wie die gewöhnliche Gleichung § 3, (3′) der Elastika; denn wenn man $\frac{1}{\varrho} = \frac{d\vartheta}{ds}$ einsetzt und einmal nach s differentiiert, findet man

$$-2A\,\vartheta''\,\vartheta' - \mu \sin\vartheta \,.\, \vartheta' + \nu \cos\vartheta \,.\, \vartheta' = 0,$$

oder, da ϑ' wegfällt:

$$A\vartheta'' + \frac{\mu}{2}\sin\vartheta - \frac{\nu}{2}\cos\vartheta = 0,$$

was bis auf die Bezeichnung mit § 3, (3′) übereinstimmt.

Aus (3) ergibt sich ϱ als ganz bestimmte Funktion von ϑ, und zwar erhält man

$$(4) \qquad \bar{\varrho} = \sqrt{\frac{A}{\lambda + \mu\cos\vartheta + \nu\sin\vartheta}},$$

wobei die drei Konstanten λ, μ, ν durch die drei Nebenbedingungen (1′) aus den gegebenen Werten a, b, l, θ zu berechnen sind. Da kein Wendepunkt auftritt, wechselt ϱ nicht das Zeichen und wir können festsetzen, daß stets die positive Quadratwurzel zu nehmen ist.

Wir beweisen jetzt, daß diese Funktion $\bar{\varrho}$ tatsächlich ein Minimum des Integrals (1) bei den Nebenbedingungen (1′) liefert. Dazu ist zu zeigen, daß

$$(5) \qquad \int_0^\theta \frac{1}{\varrho}\,d\vartheta - \int_0^\theta \frac{1}{\bar{\varrho}}\,d\vartheta > 0$$

ist für jede Funktion $\varrho(\vartheta)$, die den drei Bedingungen (1′) genügt.

Zu diesem Zwecke entwickeln wir $\frac{1}{\varrho}$ nach Potenzen von $\delta\varrho = \varrho - \bar{\varrho}$:

$$(6) \qquad \frac{1}{\varrho} = \frac{1}{\bar{\varrho}} + \left(\frac{\partial \frac{1}{\varrho}}{\partial\varrho}\right)_{\varrho=\bar{\varrho}} \delta\varrho + \frac{1}{2!}\left(\frac{\partial^2 \frac{1}{\varrho}}{\partial\varrho^2}\right)_{\varrho=\bar{\varrho}} \delta\varrho^2 + \cdots$$

Setzen wir das in (5) ein, so heben sich die von $\delta\varrho$ freien Glieder fort; das Glied erster Ordnung wird wegen (4):

$$(7) \qquad \left(\frac{\partial \frac{1}{\varrho}}{\partial\varrho}\right)_{\varrho=\bar{\varrho}} \delta\varrho = -\frac{1}{\bar{\varrho}^2}\,\delta\varrho = -\frac{1}{A}(\lambda + \mu\cos\vartheta + \nu\sin\vartheta)\,\delta\varrho.$$

Da nun ϱ den Bedingungen (1') genügen soll, haben wir für $\delta\varrho$:

$$\int_0^\theta \delta\varrho\, d\vartheta = 0, \quad \int_0^\theta \delta\varrho \cos\vartheta\, d\vartheta = 0, \quad \int_0^\theta \delta\varrho \sin\vartheta\, d\vartheta = 0,$$

und daher folgt aus (7):

$$-A\int_0^\theta \left(\frac{\partial \frac{1}{\varrho}}{\partial\varrho}\right)_{\varrho=\bar\varrho} \delta\varrho\, d\vartheta = \int_0^\theta \delta\varrho\,(\lambda + \mu\cos\vartheta + \nu\sin\vartheta)\, d\vartheta = 0.$$

Die linearen Glieder der Integraldifferenz (5) fallen also fort, und die quadratischen, welche bei genügend kleinem $\delta\varrho$ ihr Vorzeichen bestimmen, lauten:

$$\int_0^\theta \left(\frac{\partial^2 \frac{1}{\varrho}}{\partial\varrho^2}\right)_{\varrho=\bar\varrho} \delta\varrho^2\, d\vartheta = \int_0^\theta \frac{2}{\bar\varrho^3}\, \delta\varrho^2\, d\vartheta;$$

da wir $\bar\varrho > 0$ vorausgesetzt haben, ist die Ungleichung (5) erfüllt und die Behauptung erwiesen.

§ 5. Die Elastika mit Wendepunkt.

Wegen des in § 4 bewiesenen Satzes können wir uns nun darauf beschränken, diejenigen elastischen Linien auf ihre Stabilität zu untersuchen, welche Wendepunkte haben. In diesem Falle gestaltet sich die Integration der Gleichung § 3, (5) folgendermaßen:

Durch Multiplikation mit ϑ' und Integration findet man:

(1) $$\frac{A}{2}\vartheta'^2 = R\cos(\vartheta-\gamma) - C,$$

$$\vartheta' = \sqrt{\frac{2R}{A}(\cos(\vartheta-\gamma) - \cos\alpha)},$$

wenn $C = R\cos\alpha$ gesetzt wird. Für $\vartheta = \pm\alpha + \gamma$ wird $\vartheta' = \frac{1}{\varrho} = 0$, d. h. α ist der Wert von $|\vartheta - \gamma|$ am Wendepunkte; damit die durch (1) dargestellte Kurve reell ist, haben wir

$$|\vartheta - \gamma| < \alpha$$

vorauszusetzen. Setzen wir

(2) $$\sin\frac{\alpha}{2} = \varkappa, \quad \sqrt{\frac{R}{A}} = p,$$

so geht (1) über in

$$\vartheta' = 2p\sqrt{\varkappa^2 - \sin^2\frac{\vartheta - \gamma}{2}}, \tag{3}$$

und hieraus folgt durch Integration:

$$s = \frac{1}{2p}\int_0^{\vartheta}\frac{d\vartheta}{\sqrt{\varkappa^2 - \sin^2\frac{\vartheta-\gamma}{2}}}, \tag{4}$$

wobei die untere Grenze so gewählt ist, daß s für $\vartheta = 0$ verschwindet. Substituieren wir

$$\sin\frac{\vartheta-\gamma}{2} = \varkappa\sin\eta, \tag{5}$$

und setzen speziell für $s = 0$ $\eta = \eta_0$, so daß

$$\sin\frac{\gamma}{2} = -\varkappa\sin\eta_0 \tag{5'}$$

wird, so bekommen wir

$$s = \frac{1}{p}\int_{\eta_0}^{\eta}\frac{d\eta}{\sqrt{1-\varkappa^2\sin^2\eta}} \tag{6}$$

oder auch:

$$\sin\eta = \frac{1}{\varkappa}\sin\frac{\vartheta-\gamma}{2} = \mathrm{sn}\,(p\,(s+c);\,\varkappa), \tag{6'}$$

wo

$$c = \frac{1}{p}\int_0^{\eta_0}\frac{d\eta}{\sqrt{1-\varkappa^2\sin^2\eta}}$$

gesetzt ist.

Da es im folgenden bequem ist, mit der Amplitude η und nicht mit ihrem Sinus oder Cosinus zu operieren, so setze ich hier fest, daß die Wurzel

$$\sqrt{1-\varkappa^2\sin^2\eta}$$

stets positiv zu nehmen ist, damit s mit η wächst. Ich werde die Darstellung (6) vor (6′) bevorzugen, da die elliptischen Integrale vor den elliptischen Funktionen für meine Zwecke gewisse Vorteile bieten.

Den Verlauf von s, ϑ und η verdeutlicht folgende Tabelle, in der K die halbe Periode des elliptischen Integrals (6) bedeutet:

s	$-c$	0	$K-c$	$2K-c$	$3K-c$	$4K-c$	$5K-c\cdots$
ϑ	γ	0	$\alpha+\gamma$	γ	$-\alpha+\gamma$	γ	$\alpha+\gamma\cdots$
η	0	η_0	$\frac{\pi}{2}$	π	$\frac{3\pi}{2}$	2π	$\frac{5\pi}{2}\cdots$

(Vergl. Fig. 2).

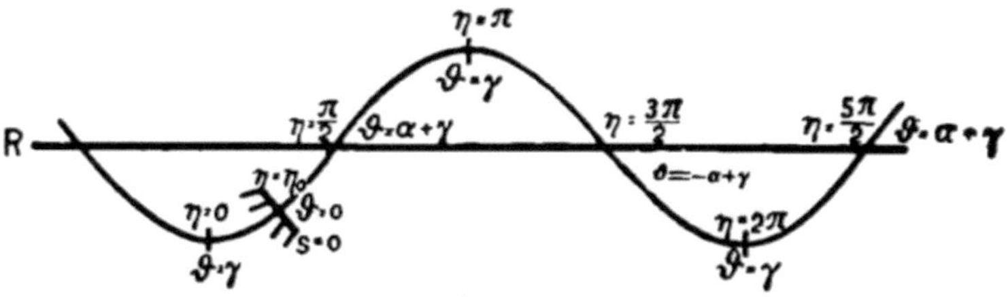

Fig. 2.

x und y findet man in folgender Weise: Aus (5) folgt

$$2\sin^2\frac{\vartheta-\gamma}{2} = 2\varkappa^2\sin^2\eta = 1-\cos(\vartheta-\gamma),$$

also

$$\cos(\vartheta-\gamma) = 1-2\varkappa^2\sin^2\eta$$

oder

$$\cos\vartheta\cos\gamma+\sin\vartheta\sin\gamma = 1-2\varkappa^2\sin^2\eta.$$

Integrieren wir diese Gleichung von 0 bis s, so erhalten wir nach § 3, (1′):

$$\cos\gamma\,.\,x+\sin\gamma\,.\,y = \int_0^s(1-2\varkappa^2\sin^2\eta)\,ds,$$

$$\cos\gamma\,.\,x+\sin\gamma\,.\,y = \frac{1}{p}f_1(\eta;\gamma,\varkappa), \tag{7}$$

wo zur Abkürzung

$$f_1(\eta;\gamma,\varkappa) = \int_{\eta}^{\eta}\frac{(1-2\varkappa^2\sin^2\eta)}{\sqrt{1-\varkappa^2\sin^2\eta}}\,d\eta \tag{8}$$

gesetzt ist.

Andrerseits folgt aus § 3, (5′):

$$\sin\gamma\,.\,x-\cos\gamma\,.\,y = \frac{A}{R}\cdot\vartheta'+\text{const.}$$

Da nun nach (3)

$$\vartheta' = 2\sqrt{\frac{R}{A}} \cdot \sqrt{\varkappa^2 - \sin^2\frac{\vartheta - \gamma}{2}} = 2p\varkappa\cos\eta$$

ist, so folgt, wenn wir gleichzeitig benützen, daß x und y für $s = 0$ verschwinden sollen:

$$\text{(9)} \qquad \sin\gamma . x - \cos\gamma . y = \frac{2}{p}\varkappa(\cos\eta - \cos\eta_0).$$

Aus (7) und (9) berechnen wir x und y als Funktionen von η, somit auch von s. Wir erhalten also dasjenige Lösungssystem x, y, ϑ der Gleichungen § 3, (3), welches für $s = 0$ verschwindet, in der Form:

$$\text{(10)} \qquad \begin{aligned} x &= \frac{1}{p}\{2\varkappa\sin\gamma(\cos\eta - \cos\eta_0) + \cos\gamma . f_1\} \\ y &= \frac{1}{p}\{-2\varkappa\cos\gamma(\cos\eta - \cos\eta_0) + \sin\gamma . f_1\} \\ \sin\frac{\vartheta - \gamma}{2} &= \varkappa\sin\eta, \end{aligned}$$

wo

$$s = \frac{1}{p}\int_{\eta_0}^{\eta}\frac{d\eta}{\sqrt{1 - \varkappa^2\sin^2\eta}} \, .$$

Bestimmen wir hier noch die drei Parameter $p, \gamma, \varkappa$ (η_0 ist nach (5′) von γ und $\varkappa$ abhängig) so, daß x, y, ϑ für $s = l$ die Werte a, b, θ annehmen, so erhalten wir die gewünschte elastische Linie, die in der xy-Ebene die Punkte $x = 0$, $y = 0$ und $x = a$, $y = b$ mit den gegebenen Endrichtungen $\vartheta = 0$ bezw. $\vartheta = \theta$ bei gegebener Länge l verbindet.

Um nun zu untersuchen, ob das so erhaltene Stück der Elastika stabil ist, deuten wir die Größen s, ϑ, x, y als rechtwinklige Koordinaten des vierdimensionalen $s\vartheta xy$-Raumes; die Gleichungen (10) stellen dann bei variabeln $p, \gamma, \varkappa$ eine dreiparametrige Extremalenschar dar, welche vom Nullpunkt ausstrahlt und welche als Feld die bestimmte Extremale umgibt, die den Punkt $0, 0, 0, 0$ mit dem Punkte l, θ, a, b verbindet.

Auf dieses Feld haben wir nun die in § 1 besprochenen hinreichenden Kriterien anzuwenden; es handelt sich hier offenbar um den unter 1) (S. 8) genannten Fall der Randbedingungen, und das Feld ist bereits, wie oben angegeben, konstruiert.

Ich bilde zunächst formal nach § 1, (7) die Weierstraßsche E-Funktion:

$$
\begin{aligned}
E &= F^*(\vartheta', x', y') - F^*(p, q, r) - (\vartheta' - p) F_p^* \\
&\quad - (x' - q) F_q^* - (y' - r) F_r^* \\
&= \frac{A}{2} \vartheta'^2 + \lambda (\cos\vartheta - x') + \mu (\sin\vartheta - y') \\
&\quad - \frac{A}{2} p^2 - \lambda (\cos\vartheta - q) - \mu (\sin\vartheta - r) \\
&\quad - (\vartheta' - p) A p + \lambda (x' - q) + \mu (y' - r),
\end{aligned}
$$

(11) $$E = \frac{A}{2} (\vartheta' - p)^2.$$

E ist also für alle Werte der Argumente positiv definit. Dabei findet, soweit das Feld regulär ist, ein starkes Minimum statt.

Es handelt sich also jetzt um das Jacobische Kriterium; wir haben zu untersuchen, wie weit die Funktionaldeterminante D der drei Funktionen ϑ, x, y nach den drei Parametern $p, \gamma, \varkappa$ von 0 verschieden ausfällt.

Eine etwas lange Rechnung führt zu dem expliziten Ausdruck von D; dieser wird, obwohl er keine höheren Transzendenten als elliptische Integrale enthält, sehr kompliziert, so daß die Bestimmung der Nullstellen von D undurchführbar ist. Ich begnüge mich daher damit, die Elemente der Determinante D als Funktion von η bezw. $s, p, \eta_0, \varkappa$ anzugeben. Setzt man

$$F = \int_{\eta_0}^{\eta} \frac{d\eta}{\sqrt{1 - \varkappa^2 \sin^2\eta}} = p \,.\, s$$

(12) $$E = \int_{\eta_0}^{\eta} \sqrt{1 - \varkappa^2 \sin^2\eta}\, d\eta = p \int_0^s \mathrm{dn}^2 p (s + c)\, ds$$

$$\Phi = \int_{\eta_0}^{\eta} \frac{d\eta}{(1 - \varkappa^2 \sin^2\eta)^{\frac{3}{2}}} = p \int_0^s \frac{ds}{\mathrm{dn}^2 p (s + c)},$$

wobei E und Φ sich leicht als ϑ-Quotienten darstellen lassen, so findet man für die Elemente von

(13) $$D = \begin{vmatrix} a_1 & b_1 & c_1 \\ a_2 & b_2 & c_2 \\ a_3 & b_3 & c_3 \end{vmatrix}:$$

$$
\begin{aligned}
a_1 &= -\varkappa \cos\eta \,.\, F \\
a_2 &= \varkappa(\cos\eta - \cos\eta_0) + \varkappa \sin\eta \sqrt{1-\varkappa^2\sin^2\eta}\,.\,F \\
a_3 &= E - F(1-\varkappa^2\sin^2\eta) \\
b_1 &= \cos\eta - \cos\eta_0 \\
b_2 &= \cos\eta_0(2E-F) + \sin\eta_0\sqrt{1-\varkappa^2\sin^2\eta_0} - \sin\eta\sqrt{1-\varkappa^2\sin^2\eta} \\
(13')\quad b_3 &= \varkappa(\cos\eta - \cos\eta_0)^2 \\
c_1 &= \frac{\sin\eta}{\sqrt{1-\varkappa^2\sin^2\eta}} - \frac{\sin\eta_0}{\sqrt{1-\varkappa^2\sin^2\eta_0}} - \cos\eta(\Phi - F) \\
c_2 &= (\cos\eta - \cos\eta_0) + \frac{\sin\eta_0}{\sqrt{1-\varkappa^2\sin^2\eta_0}}(2E-F) + \sin\eta\sqrt{1-\varkappa^2\sin^2\eta}(\Phi - F) \\
c_3 &= \frac{1}{\varkappa}(E - \Phi + (F-\Phi)\varkappa^2\sin^2\eta) - \frac{2\varkappa\sin\eta_0}{\sqrt{1-\varkappa^2\sin^2\eta_0}}(\cos\eta - \cos\eta_0).
\end{aligned}
$$

Indem man die Gleichung $D = 0$ mit den Gleichungen (10) kombiniert und aus diesen vier Gleichungen $p, \varkappa, \eta_0$ eliminiert, würde man die Gleichung der (dreidimensionalen) Enveloppe unserer dreiparametrigen Extremalenschar im $s\Theta xy$-Raume erhalten; diese würde dann erlauben, festzustellen, wieviele und welche elastische Linien bei gegebenen Endwerten $s = l$, $\Theta = 0$ $x = a$, $y = b$, möglich sind, indem man zu verfolgen hätte, ob der Punkt $l0ab$ vor oder hinter der Enveloppe liegt. Ich habe aber in diese offenbar recht komplizierten Verhältnisse keinen andern Einblick erlangt, als durch einige einfache Experimente, die ich jetzt schildern will.

Zunächst wurden die ebenen elastischen Kurven mit Wendepunkten gezeichnet[1]), und zwar für die Parameterwerte $\alpha = 30°$ bis $\alpha = 170°$, von 10 zu 10 Grad fortschreitend. Als Drähte dienten zwei Stahlbänder von $^1/_2$ und $^1/_4$ mm Dicke, beide etwa 1 m lang und 16 mm breit; diese verhalten sich offenbar wie ebene Drähte und haben den Vorzug, ohne äußere Führung bis zu einem gewissen Grade in einer Ebene zu bleiben. Ein solches Band wurde an beiden Enden zwischen Backen geklemmt, welche an zwei schweren, kreisrunden Bleiklötzen angebracht waren; diese Klötze wurden direkt auf die Zeichnungen gestellt. Der erste Klotz A wurde nun so geschoben, daß das Stahlband genau über einem Punkte einer der gezeichneten Kurven tangential zu dieser aus der Backe austrat; dann wurde der andere Klotz B in eine solche Lage gebracht, daß das Band möglichst genau mit

1) Mit Hilfe des Boysschen Apparates. C. V. Boys, An Integrating-Machien, Assoc. Royal School of Mines (Plate VIII). Philosoph. Magazine May 1881.

der gezeichneten Kurve zur Deckung kam. Jetzt wurde die eine Klemmbacke geöffnet und das Band ein wenig verlängert; darauf wurde wieder die Backe so eingestellt, daß der Draht genau über der Kurve schwebte. Indem ich den Draht zuerst kurz genug nahm, bekam ich anfänglich stabile Gleichgewichtslagen (übrigens gab es außer der, auf die eingestellt wurde, meist noch eine zweite); wurde sodann der Draht sukzessive verlängert, so bemerkte man zunächst, wie die Schwingungen um die Gleichgewichtslage immer langsamer wurden, bis schließlich die Grenze der Stabilität erreicht war. Der Punkt, wo dies stattfand, (der konjugierte Punkt), ließ sich durch sorgfältiges Probieren auffinden, und zwar bei den flachen elastischen Linien schärfer als bei den steilen. Die Klemmstelle A wurde nun an einen andern Punkt derselben Kurve gebracht und zu diesem auf die nämliche Weise der konjugierte bestimmt. In den beigegebenen Figuren sind die Paare konjugierter Punkte mit einer Ziffer bezeichnet. Das Ergebnis ist das folgende. (Vergl. Blatt 1—4).

Befindet sich der Ausgangspunkt A in einem Minimum der Elastika, etwa bei $\eta_0 = 0$ (vergl. die schematische Figur 3), so

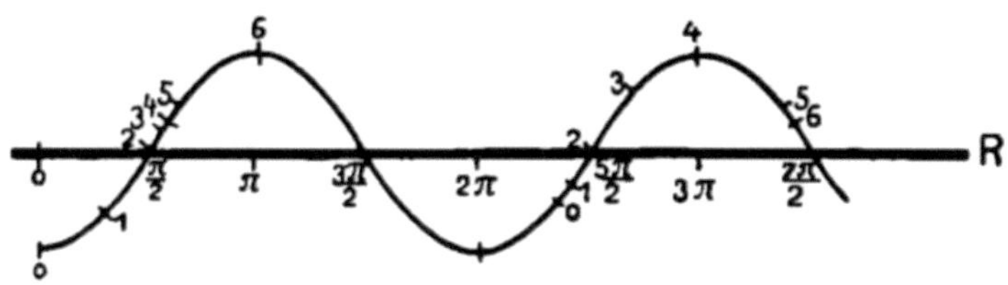

Fig. 3.

liegt der konjugierte B an einer Stelle, die zwischen $\eta = 2\pi$ und $\eta = \frac{5\pi}{2}$, und zwar näher an letzteren Punkt, fällt; zwischen diesen konjugierten Punkten liegen also zwei Wendepunkte, und dasselbe gilt für jedes Paar konjugierter Punkte, falls dieselben nicht selbst Wendepunkte sind. Wandert jetzt A vorwärts, d. h. wächst η_0 von 0 aus, so bewegt sich B zunächst nur äußerst langsam (Paar 1,1); wenn A den Wendepunkt $\eta_0 = \frac{\pi}{2}$ erreicht, so ist B im Wendepunkt $\eta = \frac{5\pi}{2}$ (Paar 2,2); erst wenn A den Wendepunkt $\eta_0 = \frac{\pi}{2}$ überschritten hat, bewegt sich B rasch vorwärts (Paar 3,3) und erreicht das Maximum 3π in dem Augenblicke (Paar 4,4), wo A die Stelle $\frac{\pi}{2}$ um ebensoviel überschritten hat, wie der zum Ausgangspunkt 0 konjugierte Punkt von $\frac{5\pi}{2}$ entfernt ist. Bewegt sich dann A weiter bis zum Maximum $\eta_0 = \pi$, so rückt B erst rasch (Paar 5,5), dann immer langsamer an die diesem Maximum entsprechende, kurz vor $\frac{7\pi}{2}$ liegende Stelle (Paar 6,6) heran. Von hier an wiederholt sich der Vorgang symmetrisch zur Axe der Kraft.

Dieses Verhalten kam mehr oder weniger deutlich bei allen untersuchten Kurven zum Vorschein. Bei manchen war die Geschwindigkeit der konjugierten Punkte, wenn der Ausgangspunkt durch einen Extrempunkt der Elastika rückte, so gering, daß sie gar nicht zu trennen waren und stillzustehen schienen, um dann sprungweise vorzurücken (z. B. bei der Kurve $\alpha = 30^0$, Blatt 1).

Eine Bestätigung dieser Resultate durch numerische Aufsuchung der Nullstellen von D wäre nur mit unverhältnismäßigem Aufwand von Rechenarbeit möglich.

Ich will noch einen Versuch erwähnen, die konjugierten Punkte **auf graphischem Wege** zu bestimmen.

Ich denke mir zwei Punkte A, B im Abstande r und in jedem von ihnen eine feste Richtung gegeben. Durch diese Grenzbedingungen ist eine stabile elastische Kurve von der Länge l festgelegt, wenn ich das Verhältnis $V = \frac{l}{r} > 1$ und die Winkel innerhalb gewisser Grenzen wähle. Zu dieser Kurve α (z. B. die Kurve $\alpha = 110^0$, Blatt 5) zeichne ich nun eine benachbarte ($\alpha' = 112^0$, Bl. 4) und suche auf dieser zwei Punkte A', B' von der Beschaffenheit, daß die Sehne zwischen ihnen dieselben Winkel mit den Tangenten A', B' bildet, wie bei der ursprünglichen Kurve α; darauf messe ich hier das Verhältnis $V' = \frac{l'}{r'}$ von Bogenlänge zu Sehne und bilde die Differenz $V - V' = d$. Wenn ich nun den Punkt A auf der Kurve α festhalte, B längs ihr verschiebe und mit den neuen Grenzbedingungen die entsprechenden Punkte A', B' auf der Kurve α' aufsuche, so bekomme ich zwei neue Verhältnisse V, V', deren Differenz d ich berechne. Solange nun B vor dem konjugierten Punkte von A liegt, also die Grenzbedingungen in der Nachbarschaft keine zweite Lösung zulassen, werden die Werte d einen endlichen Betrag haben. Rückt aber B bis zum konjugierten Punkte, wo zwei Nachbarlösungen zusammenfallen, so muß an dieser Stelle d verschwinden. Umgekehrt wird man durch Messung der Werte von d den konjugierten Punkt finden können.

Diese Methode habe ich mit Hilfe einer Vorrichtung ausgeführt, welche die Übertragung der Winkel zwischen der Sehne und den Tangenten auf die Nachbarkurve bequem auszuführen gestattet. Sie besteht aus einer Stange, deren Länge man verändern kann und an deren Enden zwei Lineale unter beliebigen Winkeln festgestellt werden können. (Fig. 4).

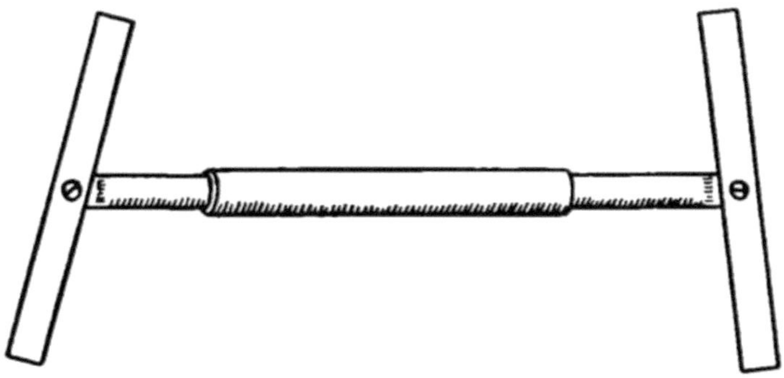

Fig. 4.

Die Messungen lieferten au den Kurven $\alpha = 110^0, 140^0$ die in den Zeichnungen Blatt 5, 6 markierten Punkte. Sie ließen sich aber nicht ohne feinere Hilfsmittel genau genug ausführen, um das oben beschriebene Verhalten des Drahtes wirklich wiederzugeben; zur Illustration der Genauigkeit gebe ich den Verlauf von V, V' und d für das Punktepaar (1,1) von Blatt 5 in der nachstehenden Tabelle:

V	V'	d
3.34	3.59	0.25
3.35	3.56	0.21
3.35	3.45	0.10
3.35	3.42	**0.07** : Punktepaar (1,1)
3.34	3.50	0.16
3.31	3.52	0.21
3.28	3.58	0.30
3.26	3.72	0.46
3.26	3.79	0.53
3.30	3.89	0.59

Das Versagen der Methode rührt von den singulären Verhältnissen in der Umgebung des zu einem Maximum der Elastika konjugierten Punktes her.

§ 6. Der an einem Ende festgeklemmte, am andern in einer Röhre spielende Draht.

Es seien die stabilen Gleichgewichtslagen eines ebenen Drahtes zu finden, dessen eines Ende festgeklemmt ist, während das andere reibungslos in einer Röhre spielt, durch die nur die Lage und Richtung des Endes, nicht die Länge des Drahtes, festgelegt wird.

Ich lege das Koordinatensystem x, y so, daß die x-Axe in die Axe der Röhre fällt und der Nullpunkt O in das Ende derselben, wo der Draht austritt. Die Klemmstelle habe die Koordinaten a, b und der Draht bilde dort mit der x-Axe den Winkel ϑ. Die Bogenlänge s rechne ich von diesem Punkte a, b aus nach dem Nullpunkte O hin; die Länge des Drahtes in einer Gleichgewichtslage, die diesen Bedingungen genügt, sei l; sie ist nicht von vorn herein gegeben und wird bei den Vergleichskurven zu variieren sein.

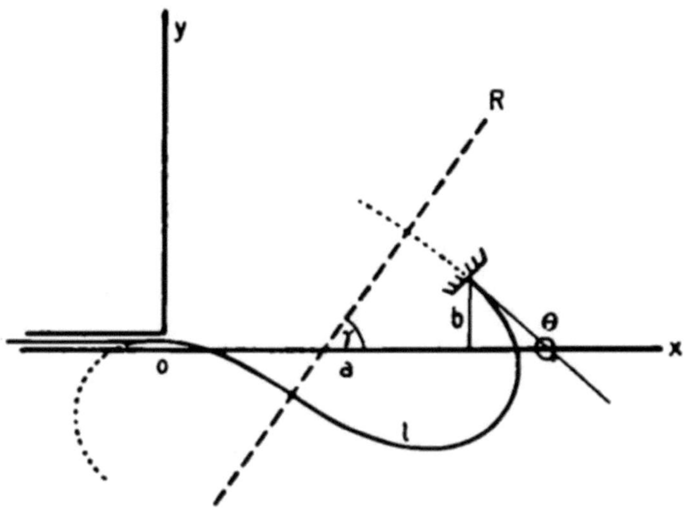

Fig. 5.

Gehen wir nun in den $s\theta xy$-Raum, so lautet das Problem so:

Die Kurve $x = 0$, $y = 0$, $\theta = 0$, d. h. die s-Axe, auf der der Parameter l läuft, ist mit dem Punkte $s = 0$, $\theta = \vartheta$, $x = a$, $y = b$ durch diejenige Kurve zu verbinden, für die das Integral

$$(1) \qquad \int_0^l \frac{A}{2}\, \theta'^2\, ds$$

ein Minimum wird, während die Nebenbedingungen

(1') $$x' = \cos\vartheta, \quad y' = \sin\vartheta$$

bestehen.

Dieses Variationsproblem unterscheidet sich von dem des § 3 nur durch die Randbedingungen; wir haben hier den in § 1 unter 3), S. 9, genannten Fall. Während die Lagrangeschen Gleichungen mit den Gleichungen (3) des § 3, S. 15, übereinstimmen, haben wir hier das Feld anders zu konstruieren, nämlich als eine dreiparametrige, von der s-Axe ausstrahlende Extremalenschar, die längs dieser der Randbedingung (vergl. § 1, (13), S. 9)

$$F^* - F^*_{\vartheta'}(\vartheta' - \varphi') - F^*_{x'}(x' - \psi') - F^*_{y'}(y' - \chi') = 0$$

genügt, wo

$$\vartheta = \varphi(s), \quad x = \psi(s), \quad y = \chi(s)$$

die Gleichungen der gegebenen Kurve, der s-Axe, sind. Da offenbar

$$\varphi = 0, \quad \psi = 0, \quad \chi = 0$$

ist und gemäß § 3, (2), S. 15,

$$F^*_{\vartheta'} = A\vartheta', \quad F^*_{x'} = -\lambda, \quad F^*_{y'} = -\mu$$

wird, so lautet hier die Randbedingung:

$$(F^* - A\vartheta'^2 + \lambda x' + \mu y')_{s=l} = 0$$

oder

(2) $$\left(\frac{A}{2}\vartheta'^2 - \lambda\cos\vartheta - \mu\sin\vartheta\right)_{s=l} = 0.$$

Die geometrische Bedeutung dieser Bedingung findet man sofort mit Rücksicht auf § 3, (4), S. 16, durch Vergleich mit der Gleichung

(3) $$\frac{A}{2}\vartheta'^2 - R\cos(\vartheta - \gamma) + C = 0,$$

die aus der Gleichung der Elastika durch eine erste Integration entsteht (siehe § 5, (1), S. 19). Setzen wir in (3) $s = l$, so ergibt sich infolge (2):

(4) $$C = 0.$$

Setzen wir, wie in § 5, $C = R\cos\alpha$, so haben wir

(4') $$\cos\alpha = 0, \quad \alpha = \frac{\pi}{2},$$

und damit den Satz:

Bei diesen Grenzbedingungen schneidet die stabile Elastika die Kraftaxe stets orthogonal.

Alle elastischen Linien, die so entstehen können, sind also einander ähnlich. Daraus folgt bereits, daß bei allen Grenzbedingungen, bei welchen eine reelle Elastika dieser Art nicht möglich ist, der Draht überhaupt keine Gleichgewichtslage (und daher auch keine stabile) besitzt; darüber vermag aber die bloße Anschauung schon ein zutreffendes Urteil zu verschaffen, wie ein Blick auf Fig. 6 zeigt.

Fig. 6.

Tatsächlich ergibt ein Versuch mit den in § 5 beschriebenen Stahlbändern, daß in solchen Fällen der Draht aus der Röhre herausfährt.

Wir integrieren jetzt, ähnlich wie in § 5, die Lagrangeschen Gleichungen so, daß wir gleich die gewünschte dreiparametrige Extremalenschar erhalten.

Aus (4') folgt

$$(4'') \qquad \varkappa = \sin\frac{\alpha}{2} = \sin\frac{\pi}{4} = \frac{1}{\sqrt{2}}, \quad \varkappa^2 = \frac{1}{2}.$$

Der Modul des elliptischen Integrals, der in § 5 zu den Parametern des Feldes gehörte, wird also hier bestimmt; dafür tritt als Parameter l ein.

Es ergibt sich:

$$\vartheta' = \sqrt{\frac{2R}{A}\cos(\vartheta-\gamma)} = 2\sqrt{\frac{R}{A}}\cdot\sqrt{\frac{1}{2}-\sin^2\frac{\vartheta-\gamma}{2}},$$

und, wenn wir wieder $\sqrt{\frac{R}{A}} = p$ setzen:

$$(5) \qquad s = \frac{1}{2p}\int_{\vartheta_0}^{\vartheta}\frac{d\vartheta}{\sqrt{\frac{1}{2}-\sin^2\frac{\vartheta-\gamma}{2}}}$$

Der Parameter ϑ_0 ersetzt l, da die Extremale auf der s-Axe ($\vartheta = 0$) das Stück $s = l$ abschneidet und daher die Beziehung

$$(6) \qquad l = \frac{1}{2p}\int_{\vartheta_0}^{0}\frac{d\vartheta}{\sqrt{\frac{1}{2}-\sin^2\frac{\vartheta-\gamma}{2}}}$$

besteht.

Ich setze nun:

$$\sin\frac{\vartheta-\gamma}{2} = \frac{1}{\sqrt{2}}\sin\eta$$

(7) $$\sin\frac{\vartheta_0-\gamma}{2} = \frac{1}{\sqrt{2}}\sin\eta_0$$

$$\sin\frac{-\gamma}{2} = \frac{1}{\sqrt{2}}\sin\eta_1.$$

Dann wird

(8) $$s = \frac{1}{p}\int_{\eta_0}^{\eta}\frac{d\eta}{\sqrt{1-\frac{1}{2}\sin^2\eta}}$$

und

(8') $$l = \frac{1}{p}\int_{\eta_0}^{\eta_1}\frac{d\eta}{\sqrt{1-\frac{1}{2}\sin^2\eta}}.$$

Das kann man auch schreiben:

$$\sin\eta = \sqrt{2}\,.\,\sin\frac{\vartheta-\gamma}{2} = \operatorname{sn}(p(s+c);\tfrac{1}{2}),$$

wo

$$c = \frac{1}{p}\int_{0}^{\eta_0}\frac{d\eta}{\sqrt{1-\frac{1}{2}\sin^2\eta}}.$$

Für meine Zwecke aber ist es bequemer, die elliptischen Integrale beizubehalten. Um x und y zu bestimmen, bilde ich:

$$\cos(\vartheta-\gamma) = 1-\sin^2\eta = \cos^2\eta,$$

also

$$\cos\vartheta\cos\gamma+\sin\vartheta\sin\gamma = \cos^2\eta.$$

Integriert man das von l bis s und beachtet, daß für $s = l$ $x = 0$ und $y = 0$ sein soll, so erhält man:

(9) $$\cos\gamma\,.\,x+\sin\gamma\,.\,y = \int_l^s\cos^2\eta\,ds = \frac{1}{p}\cdot\varphi_1,$$

wo

(10) $$\varphi_1 = \int_{\eta_1}^{\eta}\frac{\cos^2\eta\,d\eta}{\sqrt{1-\frac{1}{2}\sin^2\eta}}$$

gesetzt ist.

Andrerseits hat man, wie in § 5, S. 21:

$$\sin\gamma\,.\,x-\cos\gamma\,.\,y = \frac{A}{R}\cdot\vartheta'+C$$

und

$$\vartheta' = 2p\sqrt{\frac{1}{2} - \sin^2\frac{\vartheta-\gamma}{2}} = \sqrt{2}.p\cos\eta;$$

da für $s = l$ $x = 0$, $y = 0$ ist, wird

$$C = -\frac{A}{R}(\vartheta')_{s=l} = -\sqrt{2}\cdot\frac{1}{p}\cos\eta_1,$$

und wir erhalten:

$$\sin\gamma.x - \cos\gamma.y = \frac{\sqrt{2}}{p}(\cos\eta - \cos\eta_1). \tag{11}$$

Die Gleichungen (8), (9), (11) liefern die gewünschten Lösungen der Lagrangeschen Gleichungen in folgender Form:

$$\begin{aligned} x &= \frac{1}{p}\{\sqrt{2}\sin\gamma(\cos\eta - \cos\eta_1) + \cos\gamma.\varphi_1\} \\ y &= \frac{1}{p}\{-\sqrt{2}\cos\gamma(\cos\eta - \cos\eta_1) + \sin\gamma.\varphi_1\} \\ \sin\frac{\vartheta-\gamma}{2} &= \frac{1}{\sqrt{2}}\sin\eta, \end{aligned} \tag{12}$$

wo

$$s = \frac{1}{p}\int_{\eta_0}^{\eta}\frac{d\eta}{\sqrt{1-\frac{1}{2}\sin^2\eta}}.$$

Das ist die von der s-Axe transversal ausstrahlende dreiparametrige Extremalenschar, welche das Feld definiert. Als unabhängige Parameter will ich p, η_0, η_1 ansehen; γ hängt nach (7) von η_1 ab.

Das Weierstraßsche Kriterium ist jedenfalls überall erfüllt, da die E-Funktion des Variationsproblems, wie wir in § 5. (11), S. 23, sahen, in allen ihren Argumenten durchaus positiv definit ist.

Die Stabilitätsuntersuchung läuft also wieder auf die Betrachtung des Jacobischen Kriteriums heraus: es sind die der s-Axe auf den Feldkurven zunächst liegenden Nullstellen der Determinante

$$D = \begin{vmatrix} \frac{\partial\vartheta}{\partial p} & \frac{\partial\vartheta}{\partial\eta_0} & \frac{\partial\vartheta}{\partial\eta_1} \\ \frac{\partial x}{\partial p} & \frac{\partial x}{\partial\eta_0} & \frac{\partial x}{\partial\eta_1} \\ \frac{\partial y}{\partial p} & \frac{\partial y}{\partial\eta_0} & \frac{\partial y}{\partial\eta_1} \end{vmatrix} = \frac{\partial\gamma}{\partial\eta_1}\begin{vmatrix} \frac{\partial\vartheta}{\partial p} & \frac{\partial\vartheta}{\partial\eta_0} & \frac{\partial\vartheta}{\partial\gamma} \\ \frac{\partial x}{\partial p} & \frac{\partial x}{\partial\eta_0} & \frac{\partial x}{\partial\gamma} \\ \frac{\partial y}{\partial p} & \frac{\partial y}{\partial\eta_0} & \frac{\partial y}{\partial\gamma} \end{vmatrix}$$

aufzusuchen.

Ich setze zur Abkürzung:

(13)
$$u = \frac{\sqrt{2}}{p}(\cos\eta - \cos\eta_1)$$
$$v = \frac{1}{p}\cdot\varphi_1,$$

so daß

$$x = \sin\gamma . u + \cos\gamma . v$$
$$y = -\cos\gamma . u + \sin\gamma . v$$

wird. Dann hat man:

$$\frac{\partial x}{\partial p} = \sin\gamma\frac{\partial u}{\partial p} + \cos\gamma\frac{\partial v}{\partial p}$$
$$\frac{\partial x}{\partial \eta_0} = \sin\gamma\frac{\partial u}{\partial \eta_0} + \cos\gamma\frac{\partial v}{\partial \eta_0}$$
$$\frac{\partial x}{\partial \gamma} = \sin\gamma\frac{\partial u}{\partial \gamma} + \cos\gamma\frac{\partial v}{\partial \gamma} - \sin\gamma . v + \cos\gamma . u$$

und

$$\frac{\partial y}{\partial p} = -\cos\gamma\frac{\partial u}{\partial p} + \sin\gamma\frac{\partial v}{\partial p}$$
$$\frac{\partial y}{\partial \eta_0} = -\cos\gamma\frac{\partial u}{\partial \eta_0} + \sin\gamma\frac{\partial v}{\partial \eta_0}$$
$$\frac{\partial y}{\partial \gamma} = -\cos\gamma\frac{\partial u}{\partial \gamma} + \sin\gamma\frac{\partial v}{\partial \gamma} + \cos\gamma . v + \sin\gamma . u.$$

Hieraus erkennt man die Richtigkeit folgender Formel:

$$D = \begin{vmatrix} 1 & 0 & 0 \\ 0 & \sin\gamma & \cos\gamma \\ 0 & -\cos\gamma & \sin\gamma \end{vmatrix} \begin{vmatrix} \frac{\partial\vartheta}{\partial p} & \frac{\partial\vartheta}{\partial\eta_0} & \frac{\partial\vartheta}{\partial\gamma} \\ \frac{\partial u}{\partial p} & \frac{\partial u}{\partial\eta_0} & \frac{\partial u}{\partial\gamma} - v \\ \frac{\partial v}{\partial p} & \frac{\partial v}{\partial\eta_0} & \frac{\partial v}{\partial\gamma} + u \end{vmatrix} \cdot \frac{d\gamma}{d\eta_1}.$$

Da die erste Determinante rechter Hand gleich 1 ist, folgt

(14)
$$D = \begin{vmatrix} a_1 & a_2 & a_3 \\ b_1 & b_2 & b_3 \\ c_1 & c_2 & c_3 \end{vmatrix} \frac{d\gamma}{d\eta_1},$$

wo

$$(14')\qquad \begin{aligned} a_1 &= \frac{\partial\vartheta}{\partial p}, & a_2 &= \frac{\partial\vartheta}{\partial\eta_0}, & a_3 &= \frac{\partial\vartheta}{\partial\gamma} \\ b_1 &= \frac{\partial u}{\partial p}, & b_2 &= \frac{\partial u}{\partial\eta_0}, & b_3 &= \frac{\partial u}{\partial\gamma} - v \\ c_1 &= \frac{\partial v}{\partial p}, & c_2 &= \frac{\partial v}{\partial\eta_0}, & c_3 &= \frac{\partial v}{\partial\gamma} + u. \end{aligned}$$

Aus (8) folgt durch Differentiation nach p, η_0, γ, da man η als Funktion von s und diesen Parametern zu betrachten hat:

$$0 = -\frac{1}{p^2}\int_{\eta_0}^{\eta}\frac{d\eta}{\sqrt{1-\frac{1}{2}\sin^2\eta}} + \frac{1}{p}\,\frac{1}{\sqrt{1-\frac{1}{2}\sin^2\eta}}\,\frac{\partial\eta}{\partial p}$$

$$0 = \frac{1}{p}\left\{\frac{1}{\sqrt{1-\frac{1}{2}\sin^2\eta}}\cdot\frac{\partial\eta}{\partial\eta_0} - \frac{1}{\sqrt{1-\frac{1}{2}\sin^2\eta_0}}\right\}$$

$$0 = \frac{1}{p}\cdot\frac{1}{\sqrt{1-\frac{1}{2}\sin^2\eta}}\cdot\frac{\partial\eta}{\partial\gamma}.$$

Setzt man noch

$$(15)\qquad \int_{\eta_0}^{\eta}\frac{d\eta}{\sqrt{1-\frac{1}{2}\sin^2\eta}} = \varphi_2,$$

so hat man:

$$(16)\qquad \begin{aligned} \frac{\partial\eta}{\partial p} &= \frac{1}{p}\sqrt{1-\tfrac{1}{2}\sin^2\eta}\,.\,\varphi_2 \\ \frac{\partial\eta}{\partial\eta_0} &= \frac{\sqrt{1-\frac{1}{2}\sin^2\eta}}{\sqrt{1-\frac{1}{2}\sin^2\eta_0}} \\ \frac{\partial\eta}{\partial\gamma} &= 0. \end{aligned}$$

Ferner folgt aus der Formel (12), die ϑ als Funktion von η und γ definiert:

$$\tfrac{1}{2}\cos\frac{\vartheta-\gamma}{2}\cdot\frac{\partial\vartheta}{\partial\eta} = \frac{1}{\sqrt{2}}\cos\eta, \qquad \tfrac{1}{2}\cos\frac{\vartheta-\gamma}{2}\left(\frac{\partial\vartheta}{\partial\gamma}-1\right) = 0,$$

also

$$\frac{\partial\vartheta}{\partial\eta} = \frac{\sqrt{2}\cos\eta}{\sqrt{1-\frac{1}{2}\sin^2\eta}}, \qquad \frac{\partial\vartheta}{\partial\gamma} = 1.$$

Jetzt ergibt sich:

$$(17)\qquad \begin{aligned} a_1 &= \frac{\sqrt{2}}{p}\cos\eta\,.\,\varphi_2 \\ a_2 &= \frac{\sqrt{2}\cos\eta}{\sqrt{1-\frac{1}{2}\sin^2\eta_0}} \\ a_3 &= 1. \end{aligned}$$

Aus der 3. Formel (7) schließen wir:

$$\cos\eta_1 \frac{d\eta_1}{d\gamma} = -\frac{1}{\sqrt{2}}\cos\frac{\gamma}{2},$$

und da

$$\cos\frac{\gamma}{2} = \sqrt{1-\tfrac{1}{2}\sin^2\eta_1}$$

ist, wird

$$\frac{d\eta_1}{d\gamma} = -\frac{1}{\sqrt{2}}\,\frac{\sqrt{1-\frac{1}{2}\sin^2\eta_1}}{\cos\eta_1}. \tag{18}$$

Jetzt erhalten wir:

$$\begin{aligned} b_1 &= -\frac{\sqrt{2}}{p^2}\left\{(\cos\eta-\cos\eta_1)+\sin\eta\sqrt{1-\tfrac{1}{2}\sin^2\eta}\,.\,\varphi_2\right\} \\ b_2 &= -\frac{\sqrt{2}}{p}\,\frac{\sin\eta\sqrt{1-\frac{1}{2}\sin^2\eta}}{\sqrt{1-\frac{1}{2}\sin^2\eta_0}} \\ b_3 &= -\frac{1}{p}\left\{\frac{\sin\eta_1\sqrt{1-\frac{1}{2}\sin^2\eta_1}}{\cos\eta_1}+\varphi_1\right\} \end{aligned} \tag{17'}$$

$$\begin{aligned} c_1 &= -\frac{1}{p^2}\left\{\varphi_1-\cos^2\eta\,.\,\varphi_2\right\} \\ c_2 &= \frac{1}{p}\cdot\frac{\cos^2\eta}{\sqrt{1-\frac{1}{2}\sin^2\eta_0}} \\ c_3 &= \frac{1}{p}\left\{\frac{\cos\eta_1}{\sqrt{2}}+\sqrt{2}\,(\cos\eta-\cos\eta_1)\right\}. \end{aligned} \tag{17''}$$

Offenbar bekommt die aus den Elementen (17), (17'), (17") gebildete Determinante den Faktor $\frac{1}{p^3}$; diesen und den gemeinsamen Faktor $\frac{1}{\sqrt{1-\frac{1}{2}\sin^2\eta_0}}$ der Elemente a_2, b_2, c_2 sowie den Nenner des Ausdrucks

$$\frac{d\gamma}{d\eta_1} = -\sqrt{2}\,\frac{\cos\eta_1}{\sqrt{1-\frac{1}{2}\sin^2\eta_1}},$$

mit dem D multipliziert ist, brauchen wir als nicht verschwindende Faktoren nicht einzeln zu berücksichtigen. Ziehen wir noch einige Zahlenfaktoren heraus, so erhalten wir:

$$D = C\cdot\begin{vmatrix}\alpha_1 & \alpha_2 & \alpha_3 \\ \beta_1 & \beta_2 & \beta_3 \\ \gamma_1 & \gamma_2 & \gamma_3\end{vmatrix}\cdot\cos\eta_1, \tag{19}$$

wo:

$$
\begin{aligned}
\alpha_1 &= \cos\eta\,.\,\varphi_2\\
\alpha_2 &= \cos\eta\\
\alpha_3 &= 1\\
\beta_1 &= (\cos\eta-\cos\eta_1)+\sin\eta\sqrt{1-\tfrac{1}{2}\sin^2\eta}\,.\,\varphi_2\\
\beta_2 &= \sin\eta\,.\sqrt{1-\tfrac{1}{2}\sin^2\eta}\\
\beta_3 &= \operatorname{tg}\eta_1\sqrt{1-\tfrac{1}{2}\sin^2\eta_1}+\varphi_1\\
\gamma_1 &= \cos^2\eta\,.\,\varphi_2-\varphi_1\\
\gamma_2 &= \cos^2\eta\\
\gamma_3 &= 2\cos\eta-\cos\eta_1\,.
\end{aligned}
\tag{19'}
$$

Rechnet man die Determinante aus, so vereinfacht sie sich wesentlich dadurch, daß φ_2 und damit der Parameter η_0 ganz aus dem Resultate herausfällt. Man erhält nämlich:

$$
\begin{aligned}
D = {} & \cos\eta\cos\eta_1\left\{(\cos\eta-\cos\eta_1)^2+\varphi_1^2\right\}\\
& -\varphi_1\left\{\sin\eta\cos\eta_1\sqrt{1-\tfrac{1}{2}\sin^2\eta}-\cos\eta\sin\eta_1\sqrt{1-\tfrac{1}{2}\sin^2\eta_1}\right\}.
\end{aligned}
\tag{20}
$$

Ich beschränke mich darauf, die Determinante D in dieser Form zu diskutieren, indem ich für jeden Wert von η_1 die nächste Nullstelle η von D aufsuche; nach den Überlegungen von S. 20f. repräsentieren nämlich die Werte von η auf einer gegebenen Elastika eindeutig die Punkte derselben, ich bekomme also auf der Elastika, die die Kraftaxe rechtwinklig schneidet, zu jedem Punkte η_1, wo das Röhrenende liegt, einen konjugierten η, bis zu dem hin die Klemmstelle verschoben werden darf, ohne daß das zwischenliegende Stück der Elastika instabil wird. Wollte ich direkt die Werte a, b, ϑ finden, die bei festem Röhrenende die kritische Lage der Klemmstelle definieren, so hätte ich in (20) für η_1 s einzuführen und durch Elimination von p, η_0, η_1 aus (12) und (20) die Enveloppe der dreiparametrigen Extremalenschar (12), die von der s-Axe ausstrahlt, zu konstruieren. Doch genügt zur Beschreibung der Erscheinung das oben vorgeschlagene Verfahren.

Zunächst sieht man, daß D in η und η_1 symmetrisch ist; denn der erste Summand ist es ohne weiteres und im zweiten kehren beide Faktoren, φ_1 und die Klammer $\{\ldots\}$, bei Vertauschung von η und η_1 ihre Zeichen um. Ferner verschwindet D für $\eta = \eta_1$.

Hieran knüpft sich die Bemerkung, daß die beiden Drahtenden, welche doch in verschiedener Weise befestigt sind, hinsichtlich der Stabilität völlig gleichberechtigt sind. Vertauscht man Röhrenende und Klemmstelle, so wird dadurch an der Stabilität des

Drahtstückes nichts geändert. Stellt man ferner das Problem, die Stabilität der Elastika zu untersuchen, wenn kein Ende des Drahtes festgeklemmt ist, sondern beide in Röhren von gegebener relativer Lage und Richtung beweglich sind, so ist schon anschaulich klar, daß das Resultat genau dasselbe sein muß, wie in dem hier behandelten Falle; denn löst man, wenn der Draht eine stabile Lage im bisher behandelten Falle angenommen hat, nachträglich die Klemmung, sodaß jetzt der Draht auch am andern Ende wie in einer Röhre beweglich ist, so kann keine Veränderung des ganzen Spannungszustandes eintreten, weil ja die zur Röhrenwand senkrechte Kraftkomponente dieselbe bleibt und die in der Richtung der Röhre, d. h. tangential zum Draht, schon vorher 0 war. Dasselbe ergibt auch die Formel (20). Das genannte Problem läuft nämlich ersichtlich darauf hinaus, im $s\vartheta xy$-Raume die s-Axe $x = 0$, $y = 0$, $\vartheta = 0$ mit einer parallelen Geraden $x = a$, $y = b$, $\vartheta = \theta$ durch die Minimalkurve zu verbinden. Jetzt wird nicht durch einen Punkt $s = 0$, $x = a$, $y = b$, $\vartheta = \theta$ aus dem dreiparametrigen Felde (12) eine einzelne Extremale ausgesondert, sondern dadurch, daß längs der Geraden $x = a$, $y = b$, $\vartheta = \theta$ dieselben Randbedingungen wie längs der s-Axe erfüllt sein müssen. Stabilität findet statt, wenn längs des Stückes der durch diese Bedingung bestimmten Extremalen, welches zwischen den Treffpunkten mit den beiden Geraden liegt, die Funktionaldeterminante von 0 verschieden ist, und da das Feld dasselbe wie oben ist, muß auch diese dieselbe, d. h. (20) sein.

Setzen wir nun zunächst in D $\eta_1 = -\frac{\pi}{2}$, so wird

$$D = -\cos\eta\sqrt{\tfrac{1}{2}};$$

das ist für $-\frac{\pi}{2} < \eta < 0$ negativ und verschwindet zum ersten Male für $\eta = +\frac{\pi}{2}$. Ebenso sieht man allgemein, daß jeder Wendepunkt dem nächst folgenden konjugiert ist. Es wird also durch die konjugierten Punkte ein Elastikabogen auf den folgenden abgebildet. Über die Art der Abbildung stelle ich nur soviel fest, daß einem Maximum der Elastika, etwa $\eta_1 = 0$, nicht das nächst folgende Minimum $\eta = \pi$, sondern ein jenseits desselben liegender Punkt entspricht (Fig. 7). Für $\eta_1 = 0$ wird nämlich

$$D = \cos\eta\left\{(\cos\eta - 1)^2 + \varphi_1^2\right\} - \varphi_1 \sin\eta\sqrt{1 - \tfrac{1}{2}\sin^2\eta};$$

für den Wert η, für den $D = 0$ sein soll, müßte sein:

$$\varphi_1\sqrt{1 - \tfrac{1}{2}\sin^2\eta}\,.\,\mathrm{tg}\,\eta = (\cos\eta - 1)^2 + \varphi_1^2. \tag{21}$$

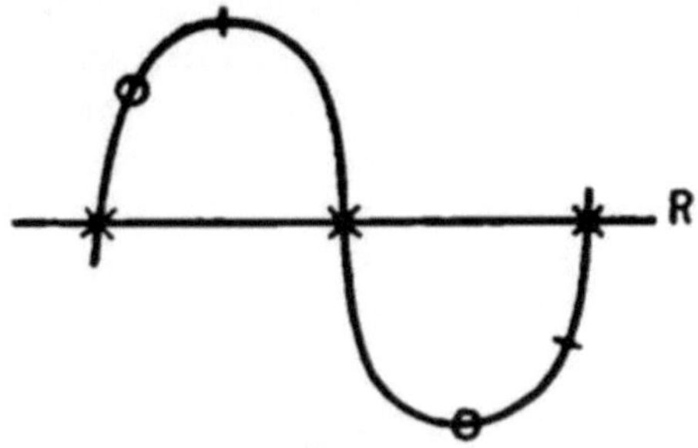

Fig. 7.

Hier ist die rechte Seite zwischen $\frac{\pi}{2}$ und $\frac{3\pi}{2}$ immer positiv; die linke Seite ist zwischen $\frac{\pi}{2}$ und π negativ, und zwar wächst sie von $-\infty$ bis 0; auf der Strecke von $\frac{\pi}{2}$ bis π kann also die Wurzel der Gleichung nicht liegen. Zwischen π und $\frac{3\pi}{2}$ aber wächst die linke Seite monoton von 0 bis $+\infty$, während die rechte endlich positiv ist; also liegt zwischen π und $\frac{3\pi}{2}$ eine Wurzel der Gleichung.

Ich habe versucht durch Experimente mit Stahlbändern dieses Verhalten zu bestätigen; doch war die Reibung in der als „Röhre" dienenden Schlitzführung trotz starken Ölgebrauchs so groß, daß ich die Erscheinung nur ganz grob verifizieren konnte.

§ 7. Der an einem Ende festgeklemmte, mit dem andern durch eine Öse geführte Draht.

Es sei ein ebner Draht an dem einen Ende festgeklemmt; am andern sei er durch eine Öse oder Schlinge geführt, in der er reibungslos gleitet, sodaß hier nur der relative Ort gegen die Klemmstelle, aber nicht die Richtung und die Länge des Drahtes gegeben sind. Ich lege das rechtwinklige Koordinatensystem so, daß der Nullpunkt in der Öse liegt, die x-Axe durch die Klemmstelle geht; die Bogenlänge s rechne ich von dieser aus nach der Öse hin.

Es ist also für $s = 0$, $\vartheta = b$, $x = a$, $y = 0$ gegeben; am andern Drahtende kennt man aber nur $x = 0$, $y = 0$.

Im $s\vartheta xy$-Raume lautet demnach unser Variationsproblem so: Es ist der Punkt $s = 0$, $\vartheta = b$, $x = a$, $y = 0$ mit der Ebene

(2-dimensionalen Mannigfaltigkeit) $x = 0$, $y = 0$ durch die Kurve

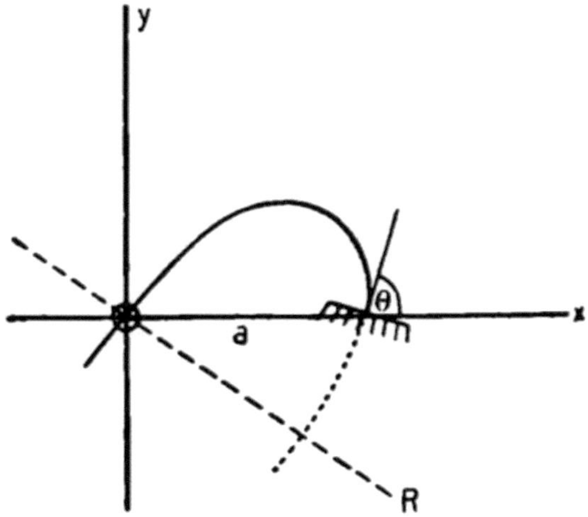

Fig. 8.

zu verbinden, für die

$$\int_0^l \frac{A}{2} \vartheta'^2 \, ds = \text{Min.} \tag{1}$$

wird, während die Nebenbedingungen

$$x' = \cos\vartheta, \quad y' = \sin\vartheta \tag{1'}$$

bestehen.

Die Lagrangeschen Gleichungen und der Ausdruck F^* stimmen mit den in § 3, (2), (3), S. 15 angegebenen überein. Die Randbedingungen, um die es sich hier handelt, sind in dem einleitenden § 1 unter 4), S. 10, erwähnt. Stellt man die Ebene $x = 0$, $y = 0$ durch Gleichungen der Form § 1, (14), S. 10, dar, so ist hier offenbar zu setzen:

$$\varphi_1 = u, \quad \varphi_2 = v, \quad \varphi_3 = 0, \quad \varphi_4 = 0. \tag{2}$$

Daher lauten die in der Ebene $x = 0$, $y = 0$ (für $s = l$) geltenden Randbedingungen § 1, (16), S. 10:

$$H = 0, \quad F^*_{\vartheta'} = 0 \quad \text{für } s = l,$$

oder ausführlich:

$$\begin{gathered} A\vartheta' = 0 \\ -\frac{A}{2}\vartheta'^2 + \lambda\cos\vartheta + \mu\sin\vartheta = 0 \\ \text{für } s = l. \end{gathered} \tag{3}$$

Die erste Gleichung besagt, daß in der Öse ein Wendepunkt

liegt; die zweite liefert wieder, wie in § 6 die Gleichung (3):

$$\alpha = \frac{\pi}{2}, \quad \varkappa = \frac{1}{\sqrt{2}} \tag{4}$$

Es ist von vorn herein klar, daß hier wie dort nur solche elastische Linien möglich sind, welche die Axe der Kraft rechtwinklig schneiden, weil sowohl die Röhre als auch die Öse nur eine normale Widerstandskraft liefern können, während die Tangentialkomponente fehlt, da wir von der Reibung absehen.

Die Herstellung des Feldes verläuft ganz ähnlich, wie im vorigen Paragraphen, nur sind die etwas abweichenden Randbedingungen zu beachten. Man erhält:

$$s = \frac{1}{2p}\int_{\vartheta_0}^{\vartheta} \frac{d\vartheta}{\sqrt{\frac{1}{2} - \sin^2 \frac{\vartheta - \gamma}{2}}}, \tag{5}$$

wo der Parameter ϑ_0 mit der Länge l der Gleichgewichtsfigur so zusammenhängt:

$$l = \frac{1}{2p}\int_{\vartheta_0}^{\frac{\pi}{2}+\gamma} \frac{d\vartheta}{\sqrt{\frac{1}{2} - \sin^2 \frac{\vartheta - \gamma}{2}}}. \tag{5'}$$

Setzen wir wieder:

$$\begin{aligned} \sin\frac{\vartheta - \gamma}{2} &= \frac{1}{\sqrt{2}}\sin\eta \\ \sin\frac{\vartheta_0 - \gamma}{2} &= \frac{1}{\sqrt{2}}\sin\eta_0\,, \end{aligned} \tag{6}$$

so wird:

$$\begin{aligned} s &= \frac{1}{p}\int_{\eta_0}^{\eta} \frac{d\eta}{\sqrt{1 - \frac{1}{2}\sin^2\eta}} \\ l &= \frac{1}{p}\int_{\eta_0}^{\frac{\pi}{2}} \frac{d\eta}{\sqrt{1 - \frac{1}{2}\sin^2\eta}} \end{aligned} \tag{7}$$

Schließlich bekommt man genau wie in § 6, S. 31, 32 (bezw. indem man dort $\eta_1 = \frac{\pi}{2}$ setzt):

$$x = \frac{1}{p}\{\sqrt{2}\sin\gamma.\cos\eta + \cos\gamma.\varphi_1\}$$

$$(8) \qquad y = \frac{1}{p}\{-\sqrt{2}\cos\gamma.\cos\eta + \sin\gamma.\varphi_1\}$$

$$\sin\frac{\vartheta - \gamma}{2} = \frac{1}{\sqrt{2}}\sin\eta.$$

Das ist das von der Ebene $x = 0$, $y = 0$ transversal ausstrahlende Feld; es bedeutet hier:

$$(9) \qquad \varphi_1 = \int_{\frac{\pi}{2}}^{\eta} \frac{\cos^2\eta\, d\eta}{\sqrt{1 - \frac{1}{2}\sin^2\eta}},$$

wo im Gegensatz zu § 6 die untere Grenze fest ist. Als unabhängige Parameter will ich p, η_0, γ ansehen. Das Weierstraßsche Kriterium ist natürlich überall im Felde erfüllt.

Die Jacobische Funktionaldeterminante $D = \frac{\partial(x, y, \vartheta)}{\partial(p, \eta_0, \gamma)}$ reduziert sich durch eine ganz ähnliche Rechnung wie in § 6 auf die folgende:

$$D = \begin{vmatrix} \cos\eta.\varphi_2 & \cos\eta & 1 \\ \cos\eta + \sin\eta\sqrt{1 - \frac{1}{2}\sin_2\eta}.\varphi_2 & \sin\eta\sqrt{1 - \frac{1}{2}\sin^2\eta} & \varphi_1 \\ \cos^2\eta.\varphi_2 - \varphi_1 & \cos^2\eta & 2\cos\eta \end{vmatrix},$$

wo wieder zur Abkürzung

$$\varphi_2 = \int_{\eta_0}^{\eta} \frac{d\eta}{\sqrt{1 - \frac{1}{2}\sin^2\eta}}$$

gesetzt ist. Rechnet man D aus, so findet man schließlich:

$$(10) \qquad D = \sin\eta\sqrt{1 - \frac{1}{2}\sin^2\eta}.\varphi_1 - \cos\eta\,(\cos^2\eta + \varphi_1^2),$$

ein Ausdruck, der von allen Parametern explizite frei ist, und dessen auf $\frac{\pi}{2}$ folgende nächste Nullstelle direkt den Wert η liefert, der den zum Ösen-Wendepunkt $\frac{\pi}{2}$ konjugierten Punkt charakterisiert. Verzichtet man wieder auf die Angabe der Werte a, θ für die stabilen Lagen, so ist durch diesen einen Wert von η das Verhalten des Drahts bezüglich der Stabilität bei diesen Grenzbedingungen vollständig charakterisiert. Dieser Wert η ist aber leicht zu finden. Dazu schreibe ich die Gleichung $D = 0$ in der Form:

$$\operatorname{tg} \eta \sqrt{1 - \tfrac{1}{2} \sin^2 \eta} \,.\, \varphi_1 = \cos^2 \eta + \varphi_1^2 .$$

Das Verhalten dieses Ausdruckes stimmt mit dem des auf Seite 38 diskutierten (§ 6, (21)) offenbar ganz überein und berechtigt uns zu dem Schlusse, daß die nächste Nullstelle von D in dem Intervalle zwischen $\eta = \pi$ und $\eta = \frac{3\pi}{2}$ liegt.

Ich habe den Wert der Nullstelle mit Hilfe eines Auszugs aus den Legendreschen Tafeln, welcher die Werte der elliptischen Integrale erster und zweiter Gattung von 2 zu 2 Grad der oberen Grenze fortschreitend liefert, und unter Benutzung des Rechenschiebers berechnet auf

$$\eta = 247^0.$$

Der Winkel der Tangente gegen die Axe der Kraft $\vartheta - \gamma$ ergibt sich hieraus folgendermaßen:

$$\vartheta - \gamma = 81^0.5.$$

Der konjugierte Punkt liegt also nahe dem auf $\eta = \frac{\pi}{2}$ folgenden Wendepunkte $\eta = \frac{3\pi}{2}$, $\vartheta - \gamma = 90^0$. Diese Zahlen habe ich durch das Experiment geprüft und fand

$$\vartheta - \gamma = 81^0.0.$$

Dabei ersetzte ich die Öse durch ein kleines, sehr leicht laufendes Rad mit vertikaler Axe, während den Draht die in § 5 erwähnten Stahlbänder vorzustellen hatten, die sich gegen das Rad lehnten: offenbar ist, wenn man den kleinen, durch den Abstand der Berührungsstelle von der Axe verursachten Fehler vernachlässigt, dieses System dem behandelten äquivalent. Die Versuche wurden bei sehr verschiedenen Lagen der Klemmstelle gegen das Rädchen ausgeführt und bestätigten die Theorie hinreichend. Die Symmetrieaxe der Elastika wurde als Normale des über das Rädchen hinausstehenden freien Bandendes bestimmt und dann der Winkel $\vartheta - \gamma$ an der Klemmstelle direkt mit dem Transporteur gemessen. Eingestellt wurde immer auf eine stabile Lage vor und eine labile hinter der kritischen Gleichgewichtslage: das Mittel aus beiden ergibt dann genähert diese selbst.

§ 8. Der an einem Ende geklemmte, an dem andern längs einer festen Geraden geführte Draht.

Ein ebener Draht sei an dem einen Ende festgeklemmt; das andere Ende sei gezwungen, längs einer gegebenen Geraden der Ebene des Drahtes zu bleiben, an der es reibungslos gleitet.

Ich lege das Koordinatensystem so, daß die gegebene Gerade die y-Axe $x = 0$ wird und daß die Klemmstelle auf der x-Axe liegt; die x-Koordinate der Klemmstelle sei a, die Klemmrichtung θ;

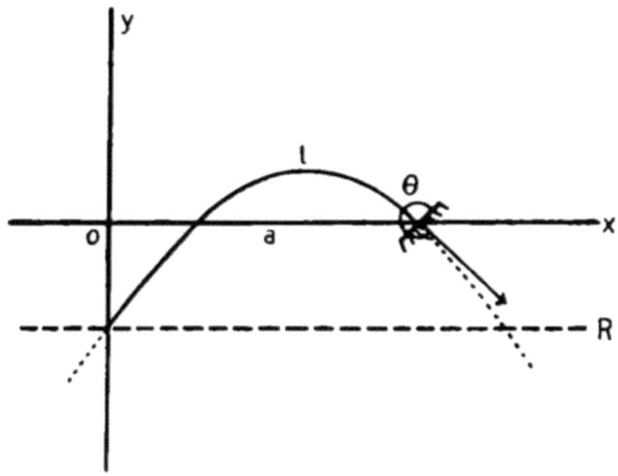

Fig. 9.

die Länge l des Drahtes ist gegeben. Die Bogenlänge s rechne ich von dem auf der y-Axe gleitenden freien Ende aus nach der Klemmstelle hin. Für $s = 0$ ist also nur $x = 0$ gegeben, für $s = l$ aber $\vartheta = \theta$, $x = a$, $y = 0$. Im $s\vartheta xy$-Raume haben wir folgendes Variationsproblem:

Es ist der Punkt $s = l$, $\vartheta = \theta$, $x = a$, $y = 0$ mit der (zweidimensionalen) Ebene $s = 0$, $x = 0$ durch die Kurve zu verbinden, für die

$$\int_0^l \frac{A}{2} \vartheta'^2 \, ds = \text{Min.}, \tag{1}$$

während

$$x' = \cos\vartheta, \quad y' = \sin\vartheta. \tag{1'}$$

Die Randbedingungen haben denselben Charakter wie im vorigen Paragraphen. Stellen wir die Ebene $s = 0$, $x = 0$ durch Gleichungen der Form § 1, (14), S. 10, dar, so ist hier zu setzen:

(2) $$\varphi_1 = 0, \quad \varphi_2 = u, \quad \varphi_3 = 0, \quad \varphi_4 = v.$$

Wenden wir dann die Formeln § 1, (16), S. 10, an, so bekommen wir die Randbedingungen:

$$F^*_\vartheta = 0, \quad F^*_\nu = 0 \quad \text{für } s = 0,$$

oder nach § 3, (2), S. 15:

(3) $$A\vartheta' = 0, \quad \mu = 0 \quad \text{für } s = 0.$$

Die erste Gleichung sagt aus, daß an der Geraden $x = 0$ auf den Draht kein Biegungsmoment ausgeübt wird, die zweite, daß die Gerade dem Drahte nur einen Normalwiderstand leistet, dessen Größe offenbar λ ist. Die Gleichung für ϑ lautet hier einfach:

(4) $$A\vartheta'' + \lambda \sin\vartheta = 0$$

und gibt, einmal integriert:

$$\frac{A}{2}\vartheta'^2 = \lambda\cos\vartheta - C.$$

Für $s = 0$ folgt hieraus wegen (3):

$$C = \lambda\cos\alpha.$$

Daher bekommen wir:

(5) $$\vartheta' = \sqrt{\frac{2\lambda}{A}(\cos\vartheta - \cos\alpha)} = 2p\sqrt{\varkappa^2 - \sin^2\frac{\vartheta}{2}},$$

wo

$$\sqrt{\frac{\lambda}{A}} = p, \quad \sin\frac{\alpha}{2} = \varkappa$$

gesetzt ist. Es folgt:

(6) $$s = \frac{1}{2p}\int_\alpha^\vartheta \frac{d\vartheta}{\sqrt{\varkappa^2 - \sin^2\frac{\vartheta}{2}}}.$$

Setzen wir:

(7) $$\sin\frac{\vartheta}{2} = \varkappa\sin\eta,$$

so wird:

(7') $$s = \frac{1}{p}\int_{\frac{\pi}{2}}^{\eta}\frac{d\eta}{\sqrt{1 - \varkappa^2\sin^2\eta}}$$

Ferner findet man

(8)
$$x = \frac{1}{p} \cdot f_1, \qquad \text{wo } f_1 = \int_{\frac{\pi}{2}}^{\eta} \frac{1 - 2\varkappa^2 \sin^2 \eta}{\sqrt{1 - \varkappa^2 \sin^2 \eta}} \, d\eta,$$
$$y = -\frac{2\varkappa}{p} \cos \eta + c,$$

wo c eine Integrationskonstante bedeutet. Durch die Gleichungen (7), (7′), (8) ist das von der Ebene $s = 0$, $x = 0$ ausstrahlende dreiparametrige Extremalenfeld dargestellt. Die drei Parameter sind p, $\varkappa$, c.

Das Weierstraßsche Kriterium ist überall im Felde erfüllt.

Die Ordnung der Jacobischen Determinante reduziert sich um eine Einheit infolge des Verschwindens des einen Lagrangeschen Faktors μ. Dieser Umstand tritt nämlich offenbar immer gleichzeitig damit ein, daß einer der Feldparameter, hier c, additiv zu einer der unbekannten Funktionen hinzutritt, während die andern ihn gar nicht enthalten. Daher ist:

$$\frac{\partial \vartheta}{\partial c} = 0, \quad \frac{\partial x}{\partial c} = 0, \quad \frac{\partial y}{\partial c} = 1,$$

und es wird:

(9)
$$D = \begin{vmatrix} \frac{\partial \vartheta}{\partial p} & \frac{\partial \vartheta}{\partial \varkappa} & \frac{\partial \vartheta}{\partial c} \\ \frac{\partial x}{\partial p} & \frac{\partial x}{\partial \varkappa} & \frac{\partial x}{\partial c} \\ \frac{\partial y}{\partial p} & \frac{\partial y}{\partial \varkappa} & \frac{\partial y}{\partial c} \end{vmatrix} = \begin{vmatrix} \frac{\partial \vartheta}{\partial p} & \frac{\partial \vartheta}{\partial \varkappa} \\ \frac{\partial x}{\partial p} & \frac{\partial x}{\partial \varkappa} \end{vmatrix}.$$

Man sieht allgemein leicht ein, daß, wenn ein isoperimetrischer Lagrangescher Faktor infolge der Randbedingungen verschwindet, die betreffende isoperimetrische Nebenbedingung bei der Bildung der notwendigen und hinreichenden Kriterien einfach weggelassen werden kann; sie dient dann nachträglich zur Bestimmung der betreffenden Funktion. Ich mache von dieser Bemerkung später mehrfach Gebrauch [1]).

Danach kann man die hier behandelte Aufgabe auch so fassen, daß man im dreidimensionalen $s\vartheta x$-Raume diejenige Kurve zu

1) Vereinfachungen dieser Art hängen damit zusammen, daß in den betreffenden Fällen eine Gruppe von Transformationen existiert, durch die das Extremalenfeld in sich transformiert wird; die Liesche Theorie gestattet, diese Vorkommnisse vorauszusehen.

ziehen verlangt, die den Punkt $s = l$, $\vartheta = \theta$, $x = a$ mit der Geraden $s = 0$, $x = 0$ so verbindet, daß

$$\int_0^l \frac{A}{2} \vartheta'^2 ds = \text{Min.},$$

während

$$x' = \cos \vartheta.$$

Es handelt sich jetzt in diesem $s\vartheta x$-Raume um folgendes zweiparametrige Feld:

$$x = \frac{1}{p} \cdot f_1$$

(10)
$$\sin \frac{\vartheta}{2} = \kappa \sin \eta,$$

wo

(11)
$$s = \frac{1}{p} \int_{\frac{\pi}{2}}^{\eta} \frac{d\eta}{\sqrt{1-\kappa^2 \sin^2 \eta}}, \quad f_1 = \int_{\frac{\pi}{2}}^{\eta} \frac{1 - 2\kappa^2 \sin^2 \eta}{\sqrt{1-\kappa^2 \sin^2 \eta}} d\eta.$$

Um die Determinante D, (9), zu bilden, verfahre ich ähnlich wie in den vorigen Paragraphen.

Ich führe hier wieder dieselben Normalintegrale ein, wie in § 5, (12), S. 23, indem ich setze:

$$F = \int_{\frac{\pi}{2}}^{\eta} \frac{d\eta}{\sqrt{1-\kappa^2 \sin^2 \eta}}$$

(12)
$$E = \int_{\frac{\pi}{2}}^{\eta} \sqrt{1-\kappa^2 \sin^2 \eta}$$

$$\Phi = \int_{\frac{\pi}{2}}^{\eta} \frac{d\eta}{(1-\kappa^2 \sin^2 \eta)^{3/2}}.$$

Läßt man den Faktor $\frac{4}{p^2}$ weg, so bekommt man:

(13)
$$\begin{aligned} D = {} & \cos \eta \{F^2 + \Phi E - 2F\Phi\} \\ & + \sin \eta \left\{F \sqrt{1-\kappa^2 \sin^2 \eta} - \frac{E}{\sqrt{1-\kappa^2 \sin^2 \eta}}\right\}. \end{aligned}$$

D verschwindet für $\eta = \frac{\pi}{2}$; für die nächste Nullstelle, die

die konjugierten Punkte liefert, kann man eine obere Grenze angeben. Zu diesem Zwecke schreibe man die Gleichung $D = 0$ in der Form:

$$(13)\quad \operatorname{tg}\eta\left\{F\sqrt{1-\varkappa^2\sin^2\eta}-\frac{E}{\sqrt{1-\varkappa^2\sin^2\eta}}\right\}=E(\Phi-F)+\Phi(E-F).$$

Die rechte Seite ist positiv und wächst monoton; denn es ist:

$$\Phi-F=\int_{\frac{\pi}{2}}^{\eta}\frac{\varkappa^2\sin^2\eta\,d\eta}{(1-\varkappa^2\sin^2\eta)^{\frac{3}{2}}}>0$$

$$E-F=\int_{\frac{\pi}{2}}^{\eta}\frac{\varkappa^2\sin^2\eta\,d\eta}{\sqrt{1-\varkappa^2\sin^2\eta}}>0\qquad\text{(Fig. 10a).}$$

(Von dem singulären Falle $\varkappa = 0$ sehe ich ab). Die Klammer der linken Seite hat die Form:

$$\varphi = y\int_0^x\frac{1}{y}\,dx-\frac{1}{y}\int_0^x dx,$$

wo y eine positive Funktion von x in dem betrachteten Intervalle ist; es hat also

$$\varphi' = y'\left\{\int_0^x\frac{1}{y}\,dx+\frac{1}{y^2}\int_0^x y\,dx\right\}$$

dasselbe Vorzeichen wie y'. Offenbar haben wir für y $\sqrt{1-\varkappa^2\sin^2\eta}$, für y' also

$$\frac{d\sqrt{1-\varkappa^2\sin^2\eta}}{d\eta}=-\frac{\varkappa^2\sin^2\eta}{2\sqrt{1-\varkappa^2\sin^2\eta}}$$

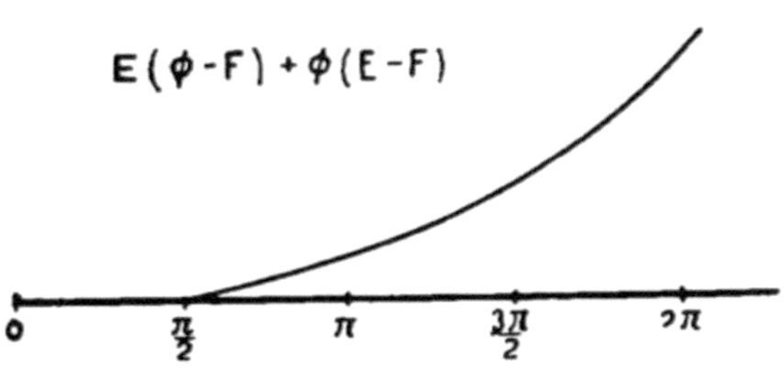

Fig. 10a.

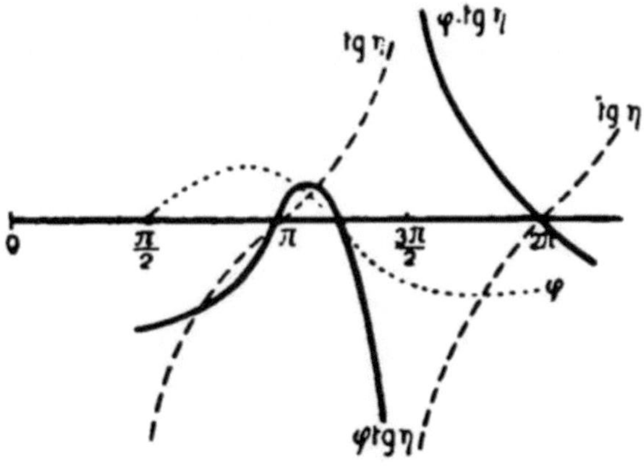

Fig. 10b.

zu setzen; das ist zwischen $\frac{\pi}{2}$ und π positiv, zwischen π und $\frac{3\pi}{2}$ negativ, zwischen $\frac{3\pi}{2}$ und 2π positiv. Da nun der Faktor von ψ' in dem Ausdruck für φ' in unserm Falle zwischen π und $\frac{3\pi}{2}$ gewiß größer ist, als zwischen $\frac{\pi}{2}$ und π. so folgt, daß unsere Klammer φ bei $\frac{3\pi}{2}$ negativ ist, also zwischen π und $\frac{3\pi}{2}$ durch 0 gehen muß. Folglich wird die linke Seite von (13') den in Fig. 10b durch die stark ausgezogene Linie angedeuteten Verlauf haben, und da die rechte Seite von (17') monoton wächst, folgt, daß zwischen $\frac{3\pi}{2}$ und 2π gewiß eine Wurzel der Gleichung $D = 0$ liegt.

Die Versuche, die ich angestellt habe, gaben keinen vollständigen Aufschluß über die Lage des konjugierten Punktes; das liegt daran, daß die Führung des Drahtendes an einer Geraden schwierig ohne Reibung so hergestellt werden kann, daß der Draht seine volle Bewegungsfreiheit behält, z. B. die Gerade selbst schneiden kann. So lange der Draht ganz auf einer Seite der Geraden liegt, gelingt die Führung durch ein am Drahtende selbst befestigtes Rädchen, das längs des Lineales rollt, welches die gegebene Gerade vorstellt. Die Versuche scheinen zu ergeben, daß in diesem Falle der konjugierte Punkt vor dem Wendepunkt $\frac{3\pi}{2}$ liegt.

§ 9. Der mit einem Gewichte belastete Draht.

Ein Draht sei an einem Ende unter dem Winkel θ gegen die Vertikale festgeklemmt, am andern Ende sei mittelst eines Fadens ein Gewicht P angebracht.

Es ist klar, und ich werde es im zweiten Teile noch besonders beweisen, daß die Aufgabe, die stabilen Lagen dieses Systems im Raume zu bestimmen, auf das entsprechende ebene Problem zurückkommt. Daher brauche ich keine Annahmen über eine reibungslose Führung des Drahtes in einer Ebene zu machen.

Das Koordinatensystem lege ich so, daß der Nullpunkt in die Klemmstelle, die x-Axe in die aufwärts gerichtete Vertikale fällt. Die Bogenlänge s rechne ich vom freien Ende aus nach dem Nullpunkte hin. Die potentielle Energie des Drahtstückes von der gegebenen Länge l ist wieder:

$$\int_0^l \frac{A}{2} \vartheta'^2 \, ds.$$

Dazu tritt aber die potentielle Energie des Gewichtes, welche, wenn wir mit x_0 den Wert von x am freien Ende bezeichnen, bis auf eine additive Konstante gleich Px_0 zu setzen ist. Die Summe der beiden Energieen soll ein Minimum sein.

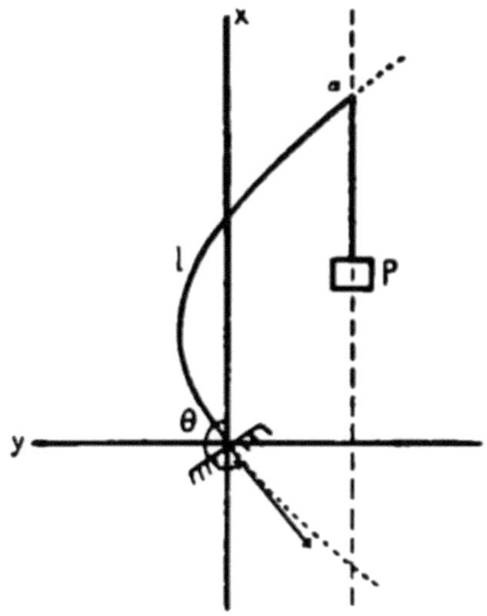

Fig. 11.

Offenbar ist:

$$x_0 = \int_l^0 \cos \vartheta \, ds.$$

Daher kann man die potentielle Energie des Systems so schreiben:

$$U = \int_0^l \left\{ \frac{A}{2} \vartheta'^2 - P \cos \vartheta \right\} ds. \tag{1}$$

Das Variationsproblem im $s\vartheta xy$-Raume lautet so:

Es ist der Punkt $s = l$, $\vartheta = \theta$, $x = 0$, $y = 0$ mit dem dreidimensionalen Raume $s = 0$ durch diejenige, den Differentialgleichungen

$$x' = \cos \vartheta, \quad y' = \sin \vartheta \tag{1'}$$

genügende Kurve zu verbinden, für die U ein Minimum wird.

Ich habe mit F^* hier den Ausdruck zu bezeichnen:

$$F^* = \frac{A}{2} \vartheta'^2 - P \cos \vartheta + \lambda (\cos \vartheta - x') + \mu (\sin \vartheta - y') \tag{2}$$

und erhalte die Lagrangeschen Gleichungen:

$$(3)\qquad \begin{aligned} A\vartheta'' - P\sin\vartheta + \lambda\sin\vartheta - \mu\cos\vartheta &= 0 \\ \lambda' &= 0 \\ \mu' &= 0, \end{aligned}$$

zu denen noch die Gleichungen (1′) treten. Die Randbedingungen sind offenbar von dem Charakter, wie ich sie in § 1 unter 2), S. 8, behandelt habe. Dabei ist $\varphi(\vartheta, x, y, s) = s$ zu setzen; also bekommt man für das freie Drahtende die Randbedingungen:

$$F^*_{\vartheta'} = 0, \quad F^*_{x'} = 0, \quad F^*_{y'} = 0,$$

oder

$$(4)\qquad \begin{aligned} A\vartheta' &= 0 \\ \lambda &= 0 \qquad (\text{für } s = 0) \\ \mu &= 0; \end{aligned}$$

daher sind wegen (3) λ und μ identisch in s Null.

Ziehen wir nun die im vorigen Paragraphen, S. 45, gemachte Bemerkung heran, so sehen wir, daß unser Variationsproblem mit demjenigen äquivalent ist, welches aus ihm durch Weglassen der beiden Nebenbedingungen (1′) entsteht. Diese erlauben dann nachträglich x und y durch Quadraturen aus $\vartheta(s)$ zu finden.

Demgemäß haben wir nur noch die eine Lagrangesche Gleichung

$$(5)\qquad A\vartheta'' - P\sin\vartheta = 0$$

und als Randbedingungen $\vartheta = 0$ für $s = l$ sowie die erste Gleichung (4) für das freie Ende. Das Feld haben wir (vergl. 2) des § 1, S. 8) gemäß dieser letzten Bedingung zu bestimmen, d. h. als einparametrige Lösungsschar, für die

$$(6)\qquad \vartheta' = 0 \quad \text{für } s = 0$$

ist; auf dieses Feld ist das Jacobische Kriterium anzuwenden, d. h. es ist darauf zu untersuchen, wieweit es die $s\vartheta$-Ebene einfach und lückenlos überdeckt.

Die Bedingung (6) besagt, daß am freien Ende ein Wendepunkt liegen muß. Wie in den vorigen Paragraphen brauchen wir also auf den Fall der wendepunktlosen Elastika gar nicht einzugehen. Aus (5) folgt:

$$\frac{A}{2}\vartheta'^2 + P\cos\vartheta - C = 0;$$

setzen wir hier $s = 0$, wird wegen (6):

$$C = P\cos\alpha,$$

wo α der Wert von ϑ für $s = 0$ ist.

Wir bekommen daher

$$\vartheta' = 2\sqrt{\frac{P}{A}}\sqrt{\cos^2\frac{\alpha}{2} - \cos^2\frac{\vartheta}{2}} = 2p\sqrt{\varkappa^2 - \cos^2\frac{\vartheta}{2}},$$

wo

$$\cos\frac{\alpha}{2} = \varkappa, \quad \sqrt{\frac{P}{A}} = p$$

gesetzt ist. Im Gegensatze zu früher ist aber p keine Integrationskonstante, sondern ein gegebener Wert.

Es ergibt sich weiter, da für $\vartheta = \alpha$ $s = 0$ sein soll:

$$s = \frac{1}{2p}\int_\alpha^\vartheta \frac{d\vartheta}{\sqrt{\varkappa^2 - \cos^2\frac{\vartheta}{2}}},$$

und, wenn wir

(7) $$\cos\frac{\vartheta}{2} = \varkappa\cos\eta$$

setzen:

(8) $$s = \frac{1}{p}\int_0^\eta \frac{d\eta}{\sqrt{1 - \varkappa^2\cos^2\eta}}.$$

Durch (7) und (8) ist das von der ϑ-Axe $s = 0$ in der $s\vartheta$-Ebene transversal ausstrahlende Feld dargestellt. Die gesuchte Elastika hat den Parameterwert $\varkappa$, der aus

$$l = \frac{1}{2p}\int_\alpha^\theta \frac{d\vartheta}{\sqrt{\varkappa^2 - \cos^2\frac{\vartheta}{2}}}$$

folgt.

Die E-Funktion, gebildet für den Ausdruck (2) dieses Paragraphen, stimmt offenbar mit der in § 5, (11), S. 23, berechneten genau überein. Also ist, soweit das Feld regulär ist, ein starkes Minimum vorhanden.

Das Jacobische Kriterium erfordert die Aufsuchung der ersten Nullstelle von $\frac{d\vartheta}{d\varkappa}$, die auf einer Extremalen hinter ihrem Schnittpunkte mit der ϑ-Axe zu finden ist.

Aus (7) folgt:

$$-\frac{1}{2}\sin\frac{\vartheta}{2}\frac{d\vartheta}{d\varkappa} = \cos\eta - \varkappa\sin\eta\frac{d\eta}{d\varkappa},$$

und aus (8):

$$0 = \frac{1}{p}\left\{\frac{\frac{d\eta}{d\varkappa}}{\sqrt{1-\varkappa^2\cos^2\eta}} + \varkappa\int_0^\eta \frac{\cos^2\eta\, d\eta}{(1-\varkappa^2\cos^2\eta)^{\frac{3}{2}}}\right\},$$

also:

$$\frac{d\eta}{d\varkappa} = -\varkappa\sqrt{1-\varkappa^2\cos^2\eta}\int_0^\eta \frac{\cos^2\eta\, d\eta}{(1-\varkappa^2\cos^2\eta)^{\frac{3}{2}}}.$$

Setzen wir das ein, so folgt:

$$D = \frac{1}{2}\frac{d\vartheta}{d\varkappa} = \frac{-\cos\eta}{\sqrt{1-\varkappa^2\cos^2\eta}} - \varkappa^2\sin\eta\int_0^\eta \frac{\cos^2\eta\, d\eta}{(1-\varkappa^2\cos^2\eta)^{\frac{3}{2}}}.$$

Die Gleichung $D = 0$ schreiben wir so:

(9) $$-\operatorname{ctg}\eta = \varkappa^2\sqrt{1-\varkappa^2\cos^2\eta}\cdot\int_0^\eta \frac{\cos^2\eta\, d\eta}{(1-\varkappa^2\cos^2\eta)^{\frac{3}{2}}}$$

Die rechte Seite ist, wenn η von 0 an wächst, stets positiv; die linke Seite wächst zwischen 0 und $\frac{\pi}{2}$ von $-\infty$ bis 0, zwischen $\frac{\pi}{2}$ und π von 0 bis $+\infty$; also liegt die erste, auf die Stelle $\eta = 0$ folgende Nullstelle zwischen $\frac{\pi}{2}$ und π.

Beachtet man die von der früheren abweichende Einführung von η durch die Formel (7), so erkennt man, daß solche Bogen der Elastika stabil sind, die von dem am freien Ende liegenden Wendepunkte über das nächste Maximum der Elastika hinweg, aber nicht bis zum nächsten Wendepunkte reichen (siehe die Skizzen Fig. 12).

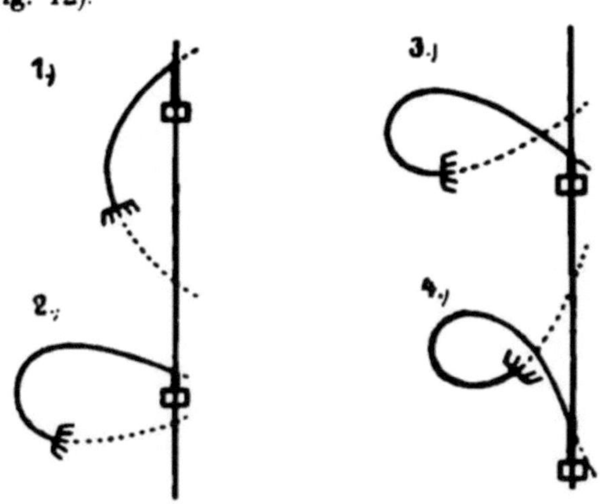

Fig. 12.

Für $\varkappa = 0$, d. h. die geradlinige Gleichgewichtslage, bei der der Draht vertikal aufwärts eingeklemmt ist, verschwindet offenbar D zum ersten Male hinter 0 bei $\eta = \frac{\pi}{2}$; für diese Werte $\varkappa = 0$, $\eta = \frac{\pi}{2}$ findet man aus (8):

$$s = \frac{1}{p} \cdot \frac{\pi}{2}$$

oder

$$(10) \qquad Pl^2 = \frac{\pi^2}{4} A.$$

Das ist die bekannte Eulersche Knickformel, die sich hier als Spezialfall der Formel (9) erweist.

Eine viel vollkommenere Einsicht in das Verhalten des Drahtes als durch diese Formeln erhält man, wenn man das Feld und die Enveloppe graphisch konstruiert; dieser Fall hat nämlich vor den vorher behandelten den Vorzug, das in anschaulicher Weise zu erlauben, da das Variationsproblem sich auf ein ebenes reduziert. Ich will das Verfahren aber erst erläutern, nachdem ich im nächsten Paragraphen von einem allgemeineren Falle gesprochen habe, der sich ebenso behandeln läßt.

§ 10. Der mit einem schweren, starren Körper belastete Draht.

Ein Draht sei an dem einen Ende A festgeklemmt, am andern B sei ein schwerer starrer Körper befestigt, dessen Schwerpunkt S nicht gerade mit der Befestigungsstelle B am Drahte zusammenfällt.

Wollen wir hier nur ebene elastische Linien erhalten, so müssen wir, wenn wir von einer künstlichen Führung des Drahtes in einer Ebene absehen, annehmen, daß die Verbindungslinie des Schwerpunkts S mit der Befestigungsstelle B in die Vertikalebene fällt, die durch die Klemmrichtung bestimmt ist. Übrigens sind die dann entstehenden elastischen Kurven zum Teil im Raume instabil, wenn sie auch in der Ebene stabil sind; für diese ist jedenfalls eine künstliche Führung nötig. Ich komme im zweiten Teile darauf zurück.

Das Gewicht des starren Körpers sei P, der Abstand des Schwerpunkts S vom Drahtende B sei r und bilde mit der Richtung des Drahtendes den Winkel T.

Wir legen den Nullpunkt des Koordinatensystems in die

Klemmstelle und die x-Axe vertikal nach oben. Die Bogenlänge s rechnen wir vom freien Ende aus.

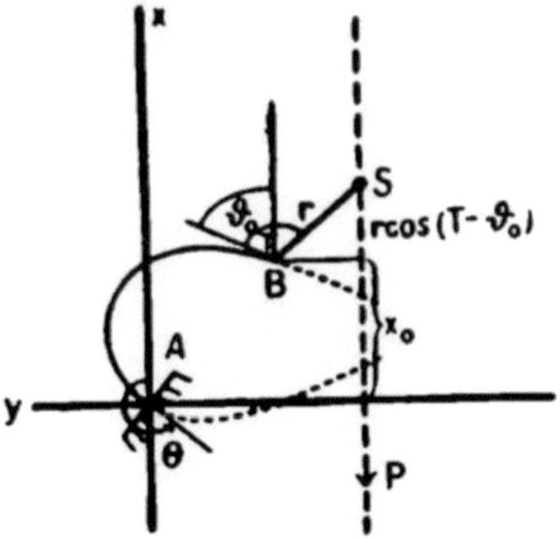

Fig. 13.

Ein Blick auf die Figur 13 lehrt, daß die potentielle Energie der Schwerkraft den Ausdruck

$$Px_0 + Pr \, . \cos(\vartheta_0 - T)$$

hat, wo ϑ_0 der Wert von ϑ für $s = 0$ ist; das ist aber bis auf eine additive Konstante gleich

$$P\int_0^l \{-\cos\vartheta + r\sin(\vartheta - T)\vartheta'\}ds.$$

Daher ist das Variationsproblem so zu formulieren:

Es soll im $s\vartheta xy$-Raume der Punkt $s = l$, $\vartheta = 0$, $x = 0$, $y = 0$ mit dem dreidimensionalen Raume $s = 0$ durch diejenige Kurve verbunden werden, für die

(1) $$\int_0^l \left\{\frac{A}{2}\vartheta'^2 - P\cos\vartheta + Pr\sin(\vartheta - T)\vartheta'\right\}ds = \text{Min.},$$

während

(1′) $$x' = \cos\vartheta, \quad y' = \sin\vartheta.$$

Wir setzen:

(2) $$F^* = \frac{A}{2}\vartheta'^2 - P\cos\vartheta + Pr\sin(\vartheta - T).\vartheta' + \lambda(\cos\vartheta - x') + \mu(\sin\vartheta - y')$$

und erhalten die Lagrangeschen Gleichungen:

$$\frac{d}{ds}(A\vartheta' + Pr\sin(\vartheta - T)) - Pr\cos(\vartheta - T)\,.\,\vartheta'$$

$$(3') \qquad - P\sin\vartheta + \lambda\sin\vartheta - \mu\cos\vartheta = 0$$

$$\lambda' = 0$$

$$\mu' = 0,$$

von denen die erste sich vereinfacht und die Gestalt annimmt:

$$(3) \qquad A\vartheta'' - P\sin\vartheta + \lambda\sin\vartheta - \mu\cos\vartheta = 0;$$

dazu treten zur Bestimmung der fünf unbekannten Funktionen die Gleichungen (1').

Die Randbedingungen sind genau dieselben wie im vorigen Paragraphen; wir bekommen daher für $s = 0$

$$F^*_{\vartheta'} = 0, \quad F^*_{x'} = 0, \quad F^*_{y'} = 0$$

oder

$$A\vartheta'_0 + Pr\sin(\vartheta_0 - T) = 0$$

$$(4) \qquad \lambda = 0 \qquad (\text{für } s = 0)$$

$$\mu = 0.$$

Also sind wiederum gemäß (3') λ und μ identisch Null und das Problem führt genau wie im § 9 auf ein ebenes in der $s\vartheta$-Ebene zurück, zu dem die Lagrangesche Gleichung

$$(5) \qquad A\vartheta'' - P\sin\vartheta = 0$$

gehört; nur die eine Randbedingung ist komplizierter.

Wir haben jetzt ein Feld zu konstruieren, das von der ϑ-Axe $s = 0$ transversal ausstrahlt, dessen Kurven also auf dieser Linie die durch die erste Gleichung (4) vorgeschriebene Richtung ϑ'_0 haben; diese Richtung drückt sich durch den auf der ϑ-Axe laufenden Parameter ϑ_0 so aus:

$$(6) \qquad \vartheta'_0 = -\frac{Pr}{A}\sin(\vartheta_0 - T).$$

Nun liefert die Gleichung (5) als erste Integralgleichung:

$$(7) \qquad \frac{A}{2}\vartheta'^2 + P\cos\vartheta + PK = 0,$$

wobei K die Integrationskonstante ist. Setzen wir in (7) $s = 0$ und benutzen (6), so bestimmt sich K aus der Gleichung

$$\frac{P^2r^2}{2A}\sin^2(\vartheta_0 - T) + P\cos\vartheta_0 + PK = 0$$

als Funktion von ϑ_0 folgendermaßen:

$$(8) \qquad K = -\cos\vartheta_0 - \frac{p^2 r^2}{2} \sin^2(\vartheta_0 - T),$$

wobei wieder $p = \sqrt{\frac{P}{A}}$ gesetzt ist.

Hier treffen wir nun zum ersten Male auf einen Fall, wo wendepunktlose elastische Linien möglich sind, für die das Stabilitätsproblem nicht durch die Betrachtungen des § 4 erledigt ist; sie sind, wenn r groß genug gewählt ist, für solche Werte von ϑ_0 vorhanden, für die $K < -1$ wird. Wir haben demnach die bekannten zwei Fälle zu unterscheiden, wie sie auch in der Pendeltheorie vorkommen.

I. $K > -1$. Wir können dann, da K stets $< +1$ sein muß, setzen:

$$(9) \qquad K = -\cos\alpha$$

und bekommen aus (7):

$$\vartheta' = 2p\sqrt{\cos^2\frac{\alpha}{2} - \cos^2\frac{\vartheta}{2}},$$

und wenn wir, wie immer,

$$(10) \qquad \cos\frac{\alpha}{2} = \varkappa$$

setzen,

$$(11) \qquad s = \frac{1}{2p}\int_{\vartheta_0}^{\vartheta} \frac{d\vartheta}{\sqrt{\varkappa^2 - \cos^2\frac{\vartheta}{2}}};$$

stellen wir hierzu die aus (8), (9) und (10) hervorgehende Relation:

$$(12) \qquad 1 - 2\varkappa^2 = -\cos\vartheta_0 - \frac{p^2 r^2}{2} \sin^2(\vartheta_0 - T),$$

durch die $\varkappa$ und ϑ_0 verbunden werden, so stellt (11) das gesuchte einparametrige, von der ϑ-Axe ausstrahlende Feld dar. Wählen wir z. B. $\varkappa$ als unabhängigen Parameter, so bekommen wir aus (12) ϑ_0 durch $\varkappa$ ausgedrückt und damit s allein als Funktion von ϑ und $\varkappa$; dieses funktionale Abhängigkeitsverhältnis ist allerdings recht kompliziert.

Es ist wieder bequem,

$$(13) \qquad \cos\frac{\vartheta}{2} = \varkappa\cos\eta, \qquad \cos\frac{\vartheta_0}{2} = \varkappa\cos\eta_0$$

zu substituieren; dann geht (11) über in

$$s = \frac{1}{p}\int_{\eta_0}^{\eta} \frac{d\eta}{\sqrt{1-\varkappa^2\cos^2\eta}}; \tag{14}$$

hier ist η_0 durch (13) von $\varkappa$ und ϑ_0, also vermöge (12) von $\varkappa$ allein abhängig.

II. $K < -1$. Aus (7) folgt:

$$\begin{aligned}\vartheta'^2 &= -2p^2(\cos\vartheta - K)\\ &= 2p^2(1-K)\left(1-\frac{2}{1-K}\cos^2\frac{\vartheta}{2}\right).\end{aligned}$$

Wir setzen:

$$\varkappa^2 = \frac{2}{1-K}, \tag{15}$$

was wegen $K < -1$ kleiner als 1 ist, und bekommen:

$$\vartheta'^2 = p^2\frac{4}{\varkappa^2}\left(1-\varkappa^2\cos^2\frac{\vartheta}{2}\right),$$

also

$$s = \frac{\varkappa}{2p}\int_{\vartheta_0}^{\vartheta} \frac{d\vartheta}{\sqrt{1-\varkappa^2\cos^2\frac{\vartheta}{2}}}. \tag{16}$$

Hier ist ϑ_0 mit $\varkappa$ durch die Relationen (8) und (15) verknüpft.

Der Fall $K = -1$ ist in I) und II) als Grenzfall enthalten und erfordert keine besondere Behandlung, zumal ich mich darauf beschränken will, das Jacobische Kriterium im Falle I) durchzurechnen, weil ich dadurch zur Verallgemeinerung der im vorigen Paragraphen genannten Knickformel (10), S. 53, gelange.

Was das Weierstraßsche Kriterium angeht, so ist dieses wieder durchweg erfüllt; denn da der Ausdruck F^*, (2), dieses Paragraphen von dem F^* des § 5, (2), S. 50, sich nur um Glieder unterscheidet, die in ϑ' linear oder von ϑ' frei sind, so hat die E-Funktion hier denselben Ausdruck wie in § 5.

Man bemerkt, daß der Ausdruck (8), bezw. (12), in dem allein die Konstante T vorkommt, sich nicht ändert, wenn man T durch $T+\pi$ ersetzt. Dem Umstande aber, daß sich die Fälle T und $T+\pi$ tatsächlich, wie schon die Anschauung lehrt, unterscheiden, wird dadurch Rechnung getragen, daß in den Formeln, die die Aussagen über die Stabilität enthalten, infolge von Quadratwurzeln Zweideutigkeiten auftreten; der eine Wert ist dann der andere dem Falle $T + \pi$ zuzuordnen, wie sogleich bei den Knickformeln hervortreten wird.

Um die Regularität des durch (14) dargestellten Feldes zu untersuchen, bilde ich $\frac{d\vartheta}{dx}$. Aus (13) folgt:

$$\frac{1}{2} \sin\frac{\vartheta}{2} \frac{d\vartheta}{dx} = -\varkappa \sin\eta \frac{d\eta}{dx} + \cos\eta,$$

also

$$(17) \qquad D = \frac{1}{2}\frac{d\vartheta}{dx} = -\frac{\varkappa \sin\eta}{\sqrt{1-\varkappa^2\cos^2\eta}}\frac{d\eta}{dx} + \frac{\cos\eta}{\sqrt{1-\varkappa^2\cos^2\eta}}$$

Aus (14) ergibt sich, wenn zur Abkürzung

$$(18) \qquad f = \int_{\eta_0}^{\eta} \frac{\cos^2\eta \, d\eta}{(1-\varkappa^2\cos^2\eta)^{\frac{3}{2}}}$$

gesetzt wird:

$$\frac{d\eta}{dx} = \frac{\sqrt{1-\varkappa^2\cos^2\eta}}{\sqrt{1-\varkappa^2\cos^2\eta_0}}\frac{d\eta_0}{dx} + \varkappa\sqrt{1-\varkappa^2\cos^2\eta}\,.f.$$

Setzen wir das in (17) ein, so kommt:

$$(19) \qquad D = \frac{\varkappa \sin\eta}{\sqrt{1-\varkappa^2\cos^2\eta_0}}\frac{d\eta_0}{dx} + \varkappa^2 \sin\eta\,.f - \frac{\cos\eta}{\sqrt{1-\varkappa^2\cos^2\eta}}.$$

Die Weiterführung der allgemeinen Rechnung gibt kein übersichtliches Resultat. Ich setze jetzt

$$T = 0 \text{ oder } T = \pi;$$

offenbar ist das der einzige Fall, wo die geradlinige Form als Gleichgewichtslage möglich ist, weil sonst am freien Ende immer ein Biegungsmoment vorhanden ist.

Ich frage also jetzt nach der Stabilität der geraden Form, bei der die Klemmung vertikal aufwärts gerichtet ($\vartheta = \pi$) und bei der auch $\vartheta_0 = \pi$ ist.

Hierdurch bestimmen sich aus (12) und (13) $\varkappa$ und η_0. Aus (13) folgt zunächst

$$\varkappa = 0;$$

(12) schreiben wir so:

$$2\varkappa^2 = 1 + \cos\vartheta_0 + \frac{p^2 r^2}{2}\sin^2\vartheta_0,$$

also

$$\varkappa^2 = \cos^2\frac{\vartheta_0}{2}\left(1+p^2r^2\sin^2\frac{\vartheta_0}{2}\right),$$

oder nach (13):

$$\varkappa^2 = \varkappa^2\cos^2\eta_0\{1+p^2r^2(1-\varkappa^2\cos^2\eta_0)\},$$
$$1 = \cos^2\eta_0\{1+p^2r^2(1-\varkappa^2\cos^2\eta_0)\}.$$

Setzen wir jetzt erst $\varkappa = 0$, so kommt:

$$1 = \cos^2\eta_0(1+p^2r^2),$$

(20) $$\cos^2\eta_0 = \frac{1}{1+p^2r^2}.$$

Setzen wir in (19) $\varkappa = 0$, so fallen die beiden ersten Terme fort; es verschwindet nämlich auch $\frac{d\eta_0}{d\varkappa}$ bei diesen Grenzübergange, was man leicht unter Benutzung des Ausdrucks (20) einsieht. Also wird

$$D = -\cos\eta;$$

die nächste Nullstelle, die auf den Wert $\eta = \eta_0$ folgt, wobei η_0 nach (20) gegeben ist durch

$$\eta_0 = \operatorname{arc}\cos\sqrt{\frac{1}{1+p^2r^2}},$$

ist $\eta = \frac{\pi}{2}$ oder $\eta = \frac{3\pi}{2}$, je nachdem wir den positiven oder den negativen Wert der Quadratwurzel $\sqrt{\frac{1}{1+p^2r^2}}$ nehmen, deren absoluter Betrag jedenfalls < 1 ist.

Setzen wir diese Werte von η_0 und η sowie $\varkappa = 0$ in (14) ein, bekommen wir die gewünschten Knickformeln:

(21) $$\begin{aligned} sp &= \frac{\pi}{2} - \operatorname{arc}\cos\left|\sqrt{\frac{1}{1+p^2r^2}}\right|, \\ sp &= \frac{\pi}{2} + \operatorname{arc}\cos\left|\sqrt{\frac{1}{1+p^2r^2}}\right|, \end{aligned} \quad \left(p = \sqrt{\frac{P}{A}}\right).$$

Sie geben diejenige Drahtlänge s an, bis zu der ein Draht von der Biegungssteifigkeit A die geradlinige Form stabil annimmt, wenn er vertikal nach oben eingeklemmt ist und am freien Ende einen starren Körper vom Gewichte P trägt, dessen Schwerpunkt im Abstand r von der Befestigungsstelle in der Verlängerung des Drahtes bezw. auf diesem selbst liegt; offenbar gilt die eine Formel für den einen, die andere für den andern Fall.

Für $r = 0$ gehen beide Formeln in die Eulersche Knickformel § 9, (10) über.

Bemerkenswert ist, daß die Summe der „oberen" und „unteren Knicklänge", wie man passend sagen könnte, von dem Hebelarme r unabhängig gleich $\varkappa \frac{1}{p}$ ist, doppelt so groß, wie die Knicklänge bei einfacher Belastung ($r = 0$).

§ 11. Graphische Veranschaulichung.

Man kann auf graphischem Wege eine sehr deutliche Einsicht in das Aussehen der Extremalenfelder erhalten, um die es sich in den beiden letzten Paragraphen handelt. Da das Variationsproblem des § 10 die beiden Parameter r, T enthält, so hat man für jedes Wertepaar r, T eine besondere Figur zu machen; dabei kann man aber den Umstand benutzen, daß es sich jedesmal um dieselben Kurven $\vartheta = \vartheta(s)$ handelt und nur die Grenzbedingungen von r und T abhängen.

Ich habe zunächst ϑ als Funktion von $p.s$ aus den Gleichungen

$$\cos\frac{\vartheta}{2} = \varkappa\cos\eta,\quad s.p = \int_0^\eta \frac{d\eta}{\sqrt{1-\varkappa^2\cos^2\eta}} \qquad (\S\ 10,\ (14))$$

bezw.

$$\frac{\vartheta}{2} = \eta,\qquad s.p = \varkappa\int_0^\eta \frac{d\eta}{\sqrt{1-\varkappa^2\cos^2\eta}} \qquad (\S\ 10,\ (16))$$

für verschiedene Werte von $\varkappa$ berechnet. Danach wurden Kurvenlineale hergestellt, die die Kurven rasch zu reproduzieren gestatten. (Leider zeigte es sich, daß die Lineale nicht exakt genug waren, um genauere quantitative Angaben auf sie zu stützen).

Nun wählte ich ein bestimmtes Wertepaar r, T aus und zeichnete ein Koordinatensystem mit der Abszissenaxe ps und der Ordinatenaxe ϑ. Von jedem Punkte ϑ_0 der ϑ-Axe $s = 0$ soll die Kurve ausstrahlen, deren ϑ-Wert für $s = 0$ gerade ϑ_0 ist und die zu dem Parameterwerte $\varkappa$ gehört, der aus ϑ_0 durch (8), (9) und (10) bezw. (15) des § 10 berechnet wird; um diese Kurve zu erhalten, habe ich also, nachdem $\varkappa$ berechnet ist, das betreffende Kurvenlineal so parallel zu verschieben, daß die Kurve durch den Punkt ϑ_0 der ϑ-Axe hindurchgeht.

Ich habe auf diese Weise die Zeichnungen Blatt 7—13 ausgeführt und will diese der Reihe nach besprechen.

Die Zeichnung Blatt 7 bezieht sich auf den Fall $r = 0$, der in § 9 besonders behandelt ist. Die Extremalenschar bildet eine

Enveloppe, welche auf der Linie $\vartheta = 180^0$ eine Spitze [1]) hat und auf beiden Seiten symmetrisch zu dieser Linie verläuft; bei den Geraden $\vartheta = 0$ und $\vartheta = 360^0$ läuft sie asymptotisch ins Unendliche.

Wenn man nun einen Draht von der Biegungssteifigkeit A und der Länge l gibt, ihn unter dem Winkel θ gegen die Vertikale einklemmt und an seinem freien Ende ein Gewicht P anhängt, so findet man die stabilen Gleichgewichtslagen, die er annehmen kann folgendermaßen: Man berechnet den Faktor $p = \sqrt{\frac{P}{A}}$ und sucht in der Figur den Punkt mit den Koordinaten $ps = l\sqrt{\frac{P}{A}}$, $\vartheta = \theta$. Liegt dieser links von der Enveloppe, so geht genau eine Kurve durch ihn; an dieser liest man den Parameterwert α (die Ordinate im Maximum der Kurve) und, indem man die Kurve bis zur Axe $s = 0$ verfolgt, den Winkel ϑ_0 ab, unter dem sich das freie Ende des Drahtes einstellt (in dem auf Blatt 7 dargestellten Falle des § 9 ist $\vartheta_0 = \alpha$); aus dem Verlauf von $\vartheta(s)$ kann man sich überhaupt ein deutliches Bild der Gleichgewichtslage machen. Liegt aber der Punkt $(l\sqrt{\frac{P}{A}}, \theta)$ rechts von der Enveloppe, so gehen genau zwei Kurven durch ihn, die die Enveloppe noch nicht berührt haben; es gibt also zwei stabile Gleichgewichtslagen, die im allgemeinen nicht symmetrisch sein werden. Das sind sie nur, wenn $\theta = 180^0$ gewählt, d. h. der Draht vertikal nach oben eingeklemmt ist; betrachten wir speziell diesen Fall näher, so sehen wir folgendes: Wenn l so klein ist, daß der Punkt $(l\sqrt{\frac{P}{A}}, 180^0)$ links von der Spitze der Enveloppe liegt, so ist die einzige Kurve, die durch ihn geht, die Gerade $\vartheta = 180^0$; wenn aber l wächst, bis der Punkt hinter die Spitze tritt, wird die gerade Form instabil, es treten dafür jene zwei symmetrischen gekrümmten Gleichgewichtslagen ein. Die Entfernung der Spitze von der Axe $s = 0$ muß also gleich dem durch die Knickformel § 9, (10) geforderten Werte $\frac{\pi}{2} = 1.57$ sein, und das ist in der Zeichnung auch der Fall.

Die Punkte der Enveloppe selbst stellen die Grenze der Stabilität und Labilität dar, z. B. in folgendem Sinne: Man hält

1) Die Untersuchung, ob die geradlinige Extremale bis zum Spitzenpunkte selbst ein Minimum liefert, oder nur bis vor denselben, hat kein physikalisches Interesse.

die Drahtlänge l fest, ändert aber die Klemmrichtung kontinuierlich. Geht man etwa von einem Winkel θ aus, für den zwei stabile Lagen möglich sind, und läßt den Draht zuerst die nach rechts geneigte Form annehmen, so wird man, wenn man θ vergrößert, zu einem Winkel kommen, wo diese Form instabil wird und der Draht nach links hinüberschlägt. Dem entspricht, daß man auf der Parallelgeraden $sp = l\sqrt{\frac{P}{A}}$ zur ϑ-Axe, die rechts von der Spitze liegt, in die Höhe geht und die von jedem Punkte nach links unten gehenden Kurven ins Auge faßt; dabei muß man schließlich die Enveloppe treffen, und der Wert ϑ, wo das geschieht, ist der Winkel, bei dem das Umschlagen des Drahtes stattfindet; denn von diesem Moment an gibt es keine von der Geraden nach links unten laufende Kurven mehr, sondern nur noch solche, die nach links oben ziehen.

Das Umschlagen des Drahtes läßt sich leicht beobachten und zu Messungen benützen. Die Versuchsanordnung zeigen die Photogramme. Anstatt der Drähte benützte ich wieder die früher erwähnten Stahlbänder. Das Resultat der dem Blatte 7 entsprechenden Messungen ist in der folgenden Tabelle 1) enthalten, deren letzte Vertikalreihe die aus der Zeichnung entnommenen Werte angibt.

$A = 2400000$ g, $T = 0$;

1) $r = 0$, $P = 200$ g, $p = 0.00895$

s	ps	ϑ gemessen	ϑ aus der Zeichnung
17 cm	1.52	—	—
18	1.61	0°5	0°5
19	1.70	3.3	2.6
20	1.79	6.5	6.5
22	1.97	15.1	15.2
24	2.15	25.4	25.8
26	2.33	36.4	37.1
28	2.51	47.5	49.9
30	2.69	58.4	61.5
32	2.86	69.4	70.8
34	3.04	79.2	82.5
36	3.22	88.0	91.5

Wegen des Eigengewichts der Stahlbänder habe ich mich auf die Umgebung der Spitze beschränkt, wo auch die Zeichnung am schärfsten ist; dort ist die Übereinstimmung befriedigend [1]). Eine Grenze für die Versuche war auch dadurch gegeben, daß mittelst der Stahlbänder Bogen der Elastika, die sich selbst durchdringen, nicht herstellbar sind. Qualitativ habe ich hier wie in den andern Fällen den Verlauf der Stabilitätsgrenze weiter verfolgt und stets den Charakter der Zeichnungen bestätigt gefunden. Bei den folgenden Figuren war es überdies schwer, den Schwerpunkt des angeklemmten starren Körpers in die Lage zu bringen, wie sie dem in der vorher angefertigten Zeichnung dargestellten Falle entsprach; ein geringer Fehler in dem Werte von T z. B. bewirkte schon starke Abweichungen der Enveloppe. Daher habe ich nur in zwei Fällen, die den Zeichnungen Blatt 9 und 10 entsprechen, genau gemessen; die Resultate sind in den folgenden Tabellen 2) und 3) enthalten; A und T haben dieselben Werte wie in Tabelle 1).

2) $pr = 1.0$, $P = 213.7$ g, $p = 0.0094$, $r = 104$

s	ps	ϑ gemessen	ϑ aus der Zeichnung
10 cm	0.940	6.5	6.5
11	1.035	11.3	11.0
12	1.125	17.3	17.0
13	1.220	23.5	23.0
14	1.315	30.5	30.5
15	1.410	37.5	38.0
16	1.500	44.0	45.0
17	1.600	50.3	52.5
18	1.690	57.3	60.0
19	1.780	64.0	66.0
20	1.850	70.3	71.0

3) $pr = 1.5$, $P = 213.7$ g, $p = 0.0094$, $r = 15.5$

s	ps	ϑ gemessen	ϑ aus der Zeichnung
6 cm	0.563	0.6	0.5
7	0.658	4.8	3.0
8	0.751	9.3	9.0
9	0.840	16.5	15.5
10	0.940	24.1	24.0
11	1.035	30.6	30.0
12	1.125	41.1	42.0
13	1.220	47.0	52.0

1) Wegen der Vernachlässigung des Eigengewichts der Drähte wächst der Fehler mit wachsender Drahtlänge.

Die zweite Figur Blatt 8 entspricht dem Falle $T = 0$, $pr = 0.5$; dieser weicht von dem Falle $r = 0$ dem Charakter nach nicht sehr ab. Bei der Ableitung der Knickformeln § 10, (21) sahen wir, daß die Stabilitätsformeln zweideutig werden, da die beiden Fälle T und $T + 180^\circ$ nicht getrennt werden können. Das äußert sich in den Zeichnungen dadurch, daß sie nach links über die ϑ-Axe hinweg fortgesetzt werden können und dort ein Feld liefern, das mit dem ersten gleichberechtigt ist. Zugleich treten hier beide Knickformeln § 10, (21) in Evidenz. In den Blättern 7 und 8 habe ich diese Fortsetzung noch nicht gezeichnet, wohl aber in Blatt 9, das sich auf den Fall $T = 0$ bezw. 180°, $rp = 1$ bezieht. Aus dem Verhalten von ϑ' für $s = 0$, d. h. der Krümmung der Elastika am freien Ende, erkennt man leicht, daß sich die rechte Hälfte der Zeichnung auf den Fall bezieht, wo der Schwerpunkt des starren Körpers in der Verlängerung des Drahtes liegt, die linke Seite auf den Fall, wo er auf der Seite des Drahtes selbst liegt. Die rechte Spitze der Enveloppe ist demgemäß auf die ϑ-Axe zu, die linke von ihr abgerückt. Durch den Anblick der Figuren Blatt 9—11 erkennt man ferner den geometrischen Sinn des Satzes, daß die Summe der Knicklängen konstant $= \frac{\pi}{p}$ ist.

Während in den bisher besprochenen Fällen pr so klein war, daß nur elastische Linien mit Wendepunkt (entsprechend einem Maximum oder Minimum der Extremalen in der $s\vartheta$-Ebene) möglich waren, kommen in Blatt 10, wo $T = 0$, $pr = 1.5$ gewählt ist, auch solche ohne Wendepunkt vor (entsprechend Extremalen der $s\vartheta$-Ebene, die ins Unendliche monoton wachsend verlaufen). Hier entstehen neue Enveloppenstücke, es treten Schnabelspitzen und „uneigentliche" Enveloppenbögen auf; letztere kommen so zustande, daß zwei unendlich nahe Kurven der Schar ihrem ganzen Verlaufe nach einander parallel laufen. Darauf beruht es auch, daß die Enveloppe stellenweise abzureißen scheint, um an andern Stellen wieder zu erscheinen.

Ich will diesen und die folgenden Fälle nicht näher beschreiben, da sie sich immer mehr komplizieren. Blatt 11 enthält den Fall $T = 0$, $rp = 2$, der dem vorigen ähnlich ist. Blatt 12 und 13 haben beide $T = 45^\circ$ und $pr = 0.5$ bezw. $= 1.5$. Hier gibt es natürlich überhaupt keine gerade Form. Die Spitzen rücken daher aus der Geraden $\vartheta = 180^\circ$ heraus und machen die Figur gänzlich unsymmetrisch. Symmetrisch wird sie erst wieder für $T = 90^\circ$, und zwar ist um den Punkt $sp = 0$, $\vartheta = 180^\circ$ Symmetrie vorhanden. Ich habe diesen Fall nicht mehr gezeichnet.

Zweiter Teil.

Die räumliche Elastika.

§ 12. Der an beiden Enden festgeklemmte Draht.

Wenn man einen von Natur geraden Draht von der Länge l im Raume an einem Ende festklemmt, ihn biegt und tordiert und dann auch das andere Ende irgendwo festklemmt, so genügt weder zur Beschreibung des entstehenden Gleichgewichtszustandes die Angabe der Raumkurve, die der Draht einnimmt, noch als Daten der Aufgabe die Angabe der relativen Lage und Richtung der beiden Klemmstellen. Vielmehr ist die Einführung einer Funktion Φ der Bogenlänge s neben den Koordinaten x, y, z, die wir auch als Funktionen von s ansehen wollen, erforderlich, die der physikalischen Torsion entspricht und innerer Drall heißen möge; ferner sind nicht nur die Werte von x, y, z und ihren Ableitungen, sondern auch die von Φ an den Drahtenden vorzuschreiben. Was Φ geometrisch und physikalisch bedeutet, wird sich im Laufe der Entwicklungen zeigen.

Nach den Hypothesen des § 2 wird die Aufgabe, die stabilen Gleichgewichtslagen des nach der obigen Angabe in einen Zwangszustand versetzten Drahtes zu finden, durch folgendes Variationsproblem formuliert:

Die vier Funktionen x, y, z, Φ von s sind so zu bestimmen, daß das Integral

$$\int_0^l \left\{\frac{A}{2}\frac{1}{\varrho^2} + \frac{C}{2}\left(\frac{1}{\sigma} + \Phi'\right)^2\right\} ds \tag{1}$$

ein Minimum wird, während die Nebenbedingung

$$x'^2 + y'^2 + z'^2 = 1 \tag{1'}$$

besteht; dabei sind die Werte von $x, y, z, \Phi, x', y', z'$, für $s = 0$ und $s = l$ gegeben. $\frac{1}{\varrho}$ bedeutet die Krümmung, $\frac{1}{\sigma}$ die geometrische Torsion der durch $x = x(s)$, $y = y(s)$, $z = z(s)$ im xyz-Raume dargestellten Raumkurve.

Ich werde zeigen, daß dieses Variationsproblem die bekannten Gleichungen der elastischen Linie liefert und daß die Daten die durch den physikalischen Sinn geforderte Bedeutung (Lage und Richtung der Klemmstellen und willkürliche Drillung) haben.

Ich nehme an, daß für $s = 0$ x, y, z, Φ, x', y' verschwinden, während $z' = 1$ sein möge; ich lege also im xyz-Raume das Koordinatensystem so, daß der Nullpunkt O in das eine Drahtende fällt und die z-Axe dort den Draht berührt (vergl. Fig. 14).

Das Integral (1) enthält höhere als die ersten Ableitungen von x, y und z; ich führe daher neue unbekannte Funktionen ein, wobei ich es gleich so einrichte, daß die Nebenbedingung (1') identisch erfüllt wird; zu dem Zwecke setze ich:

$$\begin{aligned} x' &= \sin\vartheta \sin\psi \\ y' &= -\sin\vartheta \cos\psi \\ z' &= \cos\vartheta. \end{aligned} \tag{2}$$

Diese Nebenbedingungen füge ich statt (1') zu (1) hinzu und habe nun die sechs Funktionen $x, y, z, \Phi, \vartheta, \psi$ zu bestimmen.

Man kann ϑ, ψ geometrisch deuten als Polarkoordinaten des Punktes, der in der Entfernung 1 von O auf einem durch O zu der Tangente der Elastika parallel gezogenen Strahle aufgetragen ist.

Da $x'(0) = y'(0) = 0$, $z'(0) = 1$ sein soll, ist $\vartheta(0) = 0$ zu setzen, während $\psi(0)$ irgendwie gegeben werden kann. Mittelst dieser Winkel ist es in der Tat möglich, die Differentialausdrücke $\frac{1}{\rho}$ und $\frac{1}{\sigma}$ auszudrücken, und es fallen auch aus $\frac{1}{\rho}$ die zweiten Ableitungen heraus; da aber $\frac{1}{\sigma}$ die dritten Ableitungen von x, y, z enthält, so bleiben auch nach dieser Substitution die zweiten Ableitungen von ϑ, ψ darin. Statt für diese nun direkt wieder neue unbekannte Funktionen einzuführen, verfahre ich anders gemäß einer Überlegung, die die geometrische Deutung von ϑ, ψ an die Hand gibt.

Statt des einen, durch ϑ, ψ bestimmten Strahles durch O denken wir uns ein vollständiges rechtwinkliges Axensystem X, Y, Z mit dem Anfangspunkte O konstruiert, welches sich so bewegen soll, daß zur Zeit $t = s$ die Z-Axe parallel der Tangente, die X-Axe parallel der Hauptnormale, die Y-Axe parallel der Binormale der Raumkurve im Punkte s ist. Die Bewegung dieses Axensystems beschreiben wir durch die drei Eulerschen Winkel ϑ, ψ, φ, von denen offenbar ϑ, ψ mit den vorhin eingeführten Polarwinkeln identisch sind [1]).

[1]) Vergl. F. Klein und A. Sommerfeld, Über die Theorie des Kreisels; I, § 2, pag. 19.

Der Winkel φ ist die neue Funktion, welche uns dazu dient, die höheren Ableitungen aus $\frac{1}{\sigma}$ herauszuschaffen. φ ist mit ψ, ϑ durch eine Differentialbedingung verknüpft; dieselbe drückt aus, daß die Richtung der X-Axe parallel der Hauptnormale oder die der Y-Axe senkrecht auf dieser sein soll. Die Richtungskoeffizienten der Hauptnormale verhalten sich wie $x'' : y'' : z''$; die der Y-Axe, ausgedrückt durch die Eulerschen Winkel, verhalten sich wie[1]):

$$(-\sin\varphi\cos\psi - \cos\vartheta\cos\varphi\sin\psi) : (-\sin\varphi\sin\psi + \cos\vartheta\cos\varphi\cos\psi) : \sin\vartheta\cos\varphi.$$

Die Bedingung der Orthogonalität dieser beiden Richtungen lautet also:

$$\begin{aligned} &x''(-\sin\varphi\cos\psi - \cos\vartheta\cos\varphi\sin\psi) \\ &+ y''(-\sin\varphi\sin\psi + \cos\vartheta\cos\varphi\cos\psi) + z''\sin\vartheta\cos\varphi = 0. \end{aligned} \tag{3}$$

Aus (2) folgt aber:

$$\begin{aligned} x'' &= \cos\vartheta\sin\psi\,.\,\vartheta' + \sin\vartheta\cos\psi\,.\,\psi' \\ y'' &= -\cos\vartheta\cos\psi\,.\,\vartheta' + \sin\vartheta\sin\psi\,.\,\psi' \\ z'' &= -\sin\vartheta\,.\,\vartheta'. \end{aligned} \tag{4}$$

Setzen wir das in (3) ein, so ergibt eine einfache Rechnung:

$$\cos\varphi\,.\,\vartheta' + \sin\vartheta\sin\varphi\,.\,\psi' = 0. \tag{5}$$

Das ist die Nebenbedingung, durch welche φ als neue unbekannte Funktion einzuführen ist, damit es die angegebene geometrische Bedeutung hat.

Die Differentialausdrücke $\frac{1}{\varrho}$, $\frac{1}{\sigma}$ lassen sich jetzt leicht durch ϑ, ψ, φ berechnen; einmal kann man zu ihnen durch direktes Ausrechnen gelangen, sodann kann man die Überlegung benutzen, daß, wenn man s als Zeit auffaßt, unser bewegliches XYZ-System den kinematischen Bedingungen des Kreisels gehorchen muß, wobei offenbar $\frac{1}{\sigma}$ die Winkelgeschwindigkeit um die Z-Axe $r = \varphi' + \cos\vartheta\,.\,\psi'$, $\frac{1}{\varrho}$ die Resultante der Winkelgeschwindigkeiten um die X- und Y-Axe $\sqrt{p^2+q^2} = \sqrt{\sin^2\vartheta\,.\,\psi'^2 + \vartheta'^2}$ darstellt[2]); endlich kann man die Fres-

1) Klein-Sommerfeld, I, pag. 19, zweite Vertikalreihe der Tabelle (5).

2) Klein-Sommerfeld, I, pag. 155.

nelschen Formeln[1]) heranziehen. Bedeuten α, β, γ die Richtungswinkel der Tangente einer Raumkurve (Z-Axe), ξ, η, ζ die der Hauptnormale (X-Axe), λ, μ, ν die der Binormale (Y-Axe), so ist z. B.

$$\frac{1}{\rho} = \frac{1}{\cos\xi} \cdot \frac{d\cos\alpha}{ds} = \frac{1}{\cos\eta} \cdot \frac{d\cos\beta}{ds} = \frac{1}{\cos\zeta} \cdot \frac{d\cos\gamma}{ds}.$$

Benutzt man von diesen Werten den letzten und beachtet, daß

$$\cos\zeta = \sin\vartheta \sin\varphi, \quad \cos\gamma = \cos\vartheta$$

ist[2]), so kommt:

$$\frac{1}{\rho} = -\frac{\vartheta'}{\sin\varphi};$$

aus (5) folgt aber

$$\sin^2\varphi = \frac{\vartheta'^2}{\vartheta'^2 + \sin^2\vartheta \,.\, \psi'^2},$$

also

$$\frac{1}{\rho^2} = \vartheta'^2 + \sin^2\vartheta \,.\, \psi'^2. \tag{6}$$

Durch eine ähnliche kleine Rechnung findet man, wie gesagt:

$$\frac{1}{\sigma} = \cos\vartheta \,.\, \psi' + \varphi'. \tag{7}$$

Diese Ausdrücke sind in das Integral (1) einzusetzen und dann sind die sieben Funktionen $x, y, z, \Phi, \psi, \vartheta, \varphi$ so zu bestimmen, daß das Integral ein Minimum wird, während die Nebenbedingungen (2) und (5) bestehen.

Die Werte von $x, y, z, \Phi, \psi, \vartheta$ an beiden Drahtenden sind gegeben; man sieht aber leicht, daß es eine Überbestimmung wäre, wenn man auch noch φ für $s = 0$ und $s = l$ geben wollte. Das kommt daher, daß in (1) die Funktionen φ und Φ nur in der Verbindung $\varphi + \Phi = \varphi_1$ vorkommen. Führen wir diese, etwa statt Φ, als unbekannte Funktion ein, so ist klar, daß die Nebenbedingung (5) mit dem Variationsprobleme selbst gar nichts zu tun hat, sondern der Sachverhalt der ist:

Wenn $x, y, z, \psi, \vartheta, \varphi_1$ aus der Forderung, daß das Integral (1) ein Minimum wird, während die Gleichungen (2) gelten, bestimmt sind, kann man mit (5) nachträglich φ aus ϑ und ψ berechnen und dann endlich Φ aus $\Phi = \varphi_1 - \varphi$.

1) Bianchi, Vorlesungen über Differentialgeometrie; pag. 10, (A).

2) Klein-Sommerfeld, I, pag. 19, Schema (5).

Statt die Werte von Φ für $s = 0$ und $s = l$ zu geben, können wir also auch die von φ_1 vorschreiben. Es ist keine Spezialisation, wenn wir $\varphi_1(0) = 0$ setzen, ebenso wie wir $\psi(0) = 0$, $\vartheta(0) = 0$ annehmen wollen.

Damit haben wir das ursprüngliche Variationsproblem in das folgende übergeführt:

Es sollen die sechs Funktionen $x, y, z, \psi, \vartheta, \varphi_1$ so bestimmt werden, daß

$$\int_0^l \left\{ \frac{A}{2} (\sin^2 \vartheta \,.\, \psi'^2 + \vartheta'^2) + \frac{C}{2} (\varphi_1' + \cos \vartheta \,.\, \psi')^2 \right\} ds = \text{Min.}$$

wird, während

$$\begin{aligned} x' - \sin \vartheta \sin \psi &= 0 \\ y' + \sin \vartheta \cos \psi &= 0 \\ z' - \cos \vartheta \quad &= 0; \end{aligned} \tag{8}$$

dabei sind die Werte von $x, y, z, \psi, \vartheta, \varphi_1$ für $s = 0$, $s = l$ gegeben, und es sei speziell:

(8′) $x(0) = 0,\ y(0) = 0,\ z(0) = 0,\ \psi(0) = 0,\ \vartheta(0) = 0,\ \varphi_1(0) = 0.$

Nach Lösung dieses Problems sind φ und Φ aus

$$\begin{aligned} \cos \varphi \,.\, \vartheta' + \sin \vartheta \sin \varphi \,.\, \psi' &= 0 \\ \Phi + \varphi \quad &= \varphi_1 \end{aligned} \tag{8″}$$

zu bestimmen.

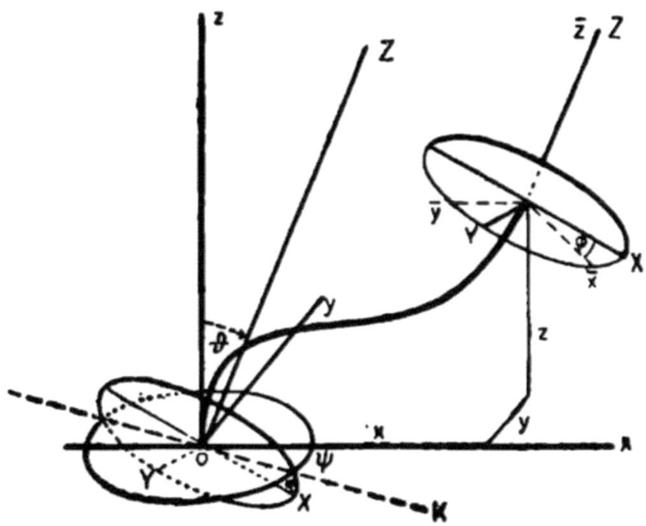

Fig. 14.

Jetzt tritt die Bedeutung von Φ bezw. φ_1 klar hervor. Ich denke mir die Klemmung in $s = l$ gelöst, sodaß der Draht seine natürliche gerade Form annimmt; nun denke ich mir an dem freien Drahtende ein rechtwinkliges Axenkreuz $\bar{x}, \bar{y}, \bar{z}$ parallel zu x, y, z angebracht, und zwar mit der Substanz des Drahtes verknüpft. Jetzt biege ich den Draht und tordiere ihn, bis er in den ursprünglichen Zwangszustand zurückgelangt; wird er nun festgeklemmt, so hat das System $\bar{x}, \bar{y}, \bar{z}$ gegen x, y, z eine Lage, die durch die Koordinaten $x(l)$, $y(l)$, $z(l)$ und die Eulerschen Winkel $\psi(l)$, $\vartheta(l)$, $\varphi_1(l)$ beschrieben wird; physikalisch gegeben sind also tatsächlich die Werte von φ_1 für $s = 0$ und $s = l$ und nicht die von Φ. $\Phi(l)$ ist offenbar der Winkel, durch den man das System $\bar{x}, \bar{y}, \bar{z}$ um die Kurventangente drehen muß, damit es mit dem System X, Y, Z zusammenfällt.

Mit Hilfe dreier Lagrangescher Faktoren λ, μ, ν bilden wir den Ausdruck:

$$(9) \qquad F^* = \frac{A}{2}(\sin^2\vartheta \,.\, \psi'^2 + \vartheta'^2) + \frac{C}{2}(\varphi_1' + \cos\vartheta \,.\, \psi')^2$$
$$+ \lambda(x' - \sin\vartheta\sin\psi) + \mu(y' + \sin\vartheta\cos\psi) + \nu(z' - \cos\vartheta).$$

Die Lagrangeschen Differentialgleichungen unseres Variationsproblems lauten so:

$$\text{(a)} \quad \lambda' = 0, \quad \mu' = 0, \quad \nu' = 0$$
$$\text{(b)} \quad \frac{d}{ds} C(\varphi_1' + \cos\vartheta \,.\, \psi') = 0$$
$$(10) \quad \text{(c)} \quad A\frac{d}{ds}\sin^2\vartheta \,.\, \psi' + C\frac{d}{ds}\{(\varphi_1' + \cos\vartheta \,.\, \psi')\cos\vartheta\}$$
$$+ \lambda\sin\vartheta\cos\psi + \mu\sin\vartheta\sin\psi = 0$$
$$\text{(d)} \quad A\vartheta'' - A\sin\vartheta\cos\vartheta \,.\, \psi'^2 + C(\varphi_1' + \cos\vartheta \,.\, \psi')\sin\vartheta \,.\, \psi'$$
$$+ \lambda\cos\vartheta\sin\psi - \mu\cos\vartheta\cos\psi - \nu\sin\vartheta = 0.$$

Ich behaupte nun, daß aus diesen Gleichungen die gewöhnlichen Differentialgleichungen der räumlichen elastischen Linie durch sechs erste Integrationen hervorgehen. Dabei soll die Elastika definiert sein durch die Forderungen, daß die Komponente des Drehvektors D

$$\text{nach der Hauptnormale } (X) = 0$$
$$(11) \qquad \text{nach der Binormale } (Y) = \frac{A}{\varrho}$$
$$\text{nach der Tangente } (Z) = C\left(\frac{1}{\sigma} + \Phi'\right)$$

ist, sodaß die Differentialgleichungen in dem Koordinatensysteme x, y, z so lauten:

$$x''(\mu z - \nu y + l) + y''(\nu x - \lambda z + m) + z''(\lambda y - \mu x + n) = 0$$

$$(11')\quad \begin{aligned} &(y'z'' - z'y'')(\mu z - \nu y + l) + (z'x'' - x'z'')(\nu x - \lambda z + m) \\ &\qquad + (x'y'' - x''y')(\lambda y - \mu x + n) = \frac{A}{\varrho}\cdot\sqrt{x''^2 + y''^2 + z''^2} \\ &x'(\mu z - \nu y + l) + y'(\nu x - \lambda z + m) + z'(\lambda y - \mu x + n) \\ &\qquad = C\left(\frac{1}{\sigma} + \Phi'\right), \end{aligned}$$

wobei λ, μ, ν die Komponenten der Kraft, l, m, n die des Kräftepaares sind, die an dem Drahte angreifen.

Ebenso gut kann man die elastische Linie aber auch definieren durch die Forderungen, daß die Komponente des Drehvektors D

$$(12)\quad \begin{aligned} &\text{nach der Knotenlinie } (K) = A\vartheta' \\ &\text{nach der } z\text{-Axe} \quad (z) = A\sin^2\vartheta\,.\,\psi' + \cos\vartheta\,.\,C\left(\frac{1}{\sigma} + \Phi'\right) \\ &\text{nach der Tangente} \quad (Z) = C\left(\frac{1}{\sigma} + \Phi'\right) \end{aligned}$$

ist, wobei unter Knotenlinie K die Schnittgerade der xy- und der XY-Ebene verstanden werden soll (vergl. Fig. 14). Daß das auf dasselbe herauskommt wie (11), ist leicht zu sehen. Bezeichnen wir für den Augenblick die Komponente von D nach (K) mit k, die nach (z) mit p, so ist offenbar bei Zugrundelegung der Definition (11):

$$p = \cos(X, z).0 + \cos(Y, z)\cdot\frac{A}{\varrho} + \cos(Z, z)\,.\,C\left(\frac{1}{\sigma} + \Phi'\right)$$

$$k = \cos(X, K).0 + \cos(Y, K)\cdot\frac{A}{\varrho} + \cos(Z, K)\,.\,C\left(\frac{1}{\sigma} + \Phi'\right).$$

Drücken wir hier die Richtungskosinus durch ψ, ϑ, φ aus [1]), so ergibt sich:

$$p = \sin\vartheta\cos\varphi\cdot\frac{A}{\varrho} + \cos\vartheta\,.\,C\left(\frac{1}{\sigma} + \Phi'\right)$$

$$k = \sin\varphi\cdot\frac{A}{\varrho}\cdot$$

Bei Benutzung von (5), (6), und (7) geht das über in:

$$p = A\sin^2\vartheta\,.\,\psi' + \cos\vartheta\,.\,C(\varphi_1' + \cos\vartheta\,.\,\psi')$$

$$k = A\vartheta',$$

w. z. b. w.

---

1) Vergl. die schon mehrfach erwähnte Tabelle: Klein-Sommerfeld, I, pag. 19, (5).

Umgekehrt ist die Definition (11) auch eine Folge von (12). Der analytische Ausdruck von (12) aber ist der folgende:

$$
\begin{aligned}
&\text{(d)} && (\mu z - \nu y + l)\cos\psi + (\nu x - \lambda z + m)\sin\psi = A\vartheta' \\
(12')\ &\text{(c)} && \lambda y - \mu x + n = A\sin^2\vartheta\,.\,\psi' + \cos\vartheta\,.\,C(\varphi_1' + \cos\vartheta\,.\,\psi') \\
&\text{(b)} && x'(\mu z - \nu y + l) + y'(\nu x - \lambda z + m) + z'(\lambda y - \mu x + n) \\
& && \qquad = C(\varphi_1' + \cos\vartheta\,.\,\psi').
\end{aligned}
$$

Ich habe also zu zeigen, daß diese Gleichungen, die noch durch

$$(12')\quad \text{(a)} \qquad \lambda = \text{konst.},\quad \mu = \text{konst.},\quad \nu = \text{konst.}$$

zu ergänzen sind, erste Integralgleichungen der sechs Gleichungen (10) sind, wobei $\lambda, \mu, \nu, l, m, n$ Integrationskonstanten bedeuten.

Das ergibt sich am einfachsten, wenn man die Gleichungen (12′) nach s differentiiert. Dann entsteht aus (12′, a) sofort (10, a) und aus (12′, c) (10, c). Daß aus (12′, b) beim Differentiieren nach s (10, b) entsteht, erkennt man durch eine kleine Rechnung, die man bequemer an dem mit (12′) äquivalenten System (11′) ausführt: man differentiiert die letzte Gleichung (11′) und zieht sie von der ersten ab. Endlich ergibt (12′, d) durch Differentiation nach s:

$$
\begin{aligned}
A\vartheta'' &= \frac{d}{ds}\{(\mu z - \nu y + l)\cos\psi + (\nu x - \lambda z + m)\sin\psi)\} \\
&= -\lambda\cos\vartheta\sin\psi + \mu\cos\vartheta\cos\psi + \nu\sin\vartheta \\
&\quad - \psi'\{\sin\psi(\mu z - \nu y + l) - \cos\psi(\nu x - \lambda z + n)\};
\end{aligned}
$$

nun kann man die Gleichung (12′, b) so schreiben:

$$
\begin{aligned}
C\left(\frac{1}{\sigma} + \Phi'\right) &= \sin\vartheta\sin\psi(\mu z - \nu y + l) \\
&\quad - \sin\vartheta\cos\psi(\nu x - \lambda z + m) + \cos\vartheta(\lambda y - \mu x + n),
\end{aligned}
$$

und daraus folgt:

$$
\begin{aligned}
&-\{\sin\psi(\mu z - \nu y + l) - \cos\psi(\nu x - \lambda z + n)\} \\
&\qquad = \frac{\cos\vartheta(\lambda y - \mu x + n) - C\left(\frac{1}{\sigma} + \Phi'\right)}{\sin\vartheta} \\
&\qquad = A\sin\vartheta\cos\vartheta\,.\,\psi' - C(\varphi_1' + \cos\vartheta\,.\,\psi')\sin\vartheta,
\end{aligned}
$$

infolge von (12′, c). Setzt man das oben ein, so erhält man:

$$
\begin{aligned}
A\vartheta'' &= -\lambda\cos\vartheta\sin\psi + \mu\cos\vartheta\cos\psi + \nu\sin\vartheta \\
&\quad + A\sin^2\vartheta\cos\vartheta\,.\,\psi'^2 - C(\varphi_1' + \cos\vartheta\,.\,\psi')\sin\vartheta\,.\,\psi',
\end{aligned}
$$

und das ist in der Tat nichts als (10, d).

Damit ist bewiesen, daß meine Definition der elastischen

Linie durch das Variationsproblem mit ihrer gewöhnlichen Definition durch die Forderungen (11) genau äquivalent ist. Gleichzeitig ist die physikalische Deutung der Integrationskonstanten $\lambda, \mu, \nu, l, m, n$ gewonnen: λ, μ, ν sind die Komponenten der Widerstandskraft, l, m, n die des Widerstandsmomentes, die der Draht in den Klemmstellen durch seine Spannung hervorruft.

Zur Herstellung der Felder bei verschiedenen Grenzbedingungen ist es notwendig, das allgemeine Integral der Gleichungen (10) herzustellen. Das gelingt durch eine Transformation der Differentialgleichungen, die durch folgende geometrische Überlegung nahe gelegt wird.

In der Gleichgewichtslage verhält sich der Draht offenbar wie ein starrer Körper, auf den die Dyname $(\lambda, \mu, \nu, l, m, n)$ wirkt. Man kann dann immer das Koordinatensystem so legen, daß die z-Axe in die Axe des die Dyname repräsentierenden Nullsystems fällt; bezeichnen wir die Größe der Kraft λ, μ, ν mit R, die des Paares l, m, n mit p, so wird der Drehvektor D, der in einem Punkte mit den auf das neue System bezogenen Koordinaten ξ, η, ζ angreift, die Komponenten

$$-\eta R, \quad \xi R, \quad p$$

haben. In diesem Systeme werden also nach der Definition (11) die Differentialgleichungen der Elastika folgende Normalform annehmen, die aus (11') für $\lambda = \mu = 0, \ \nu = R, \ l = m = 0, \ n = p$ entsteht:

$$\begin{aligned} R(-\eta\xi'' + \xi\eta'') + p\zeta'' &= 0 \\ R\{-\eta(\eta'\zeta'' - \xi'\eta'') + \xi(\zeta'\xi'' - \xi'\zeta'')\} + p(\xi'\eta'' - \eta'\xi'') & \\ &= \frac{A}{\varrho}\sqrt{\xi''^2 + \eta''^2 + \zeta''^2} \\ R(-\eta\xi' + \eta'\xi) + p\zeta' &= C\left(\frac{1}{\sigma} + \Phi'\right), \end{aligned} \tag{13}$$

wozu natürlich noch die Bedingung

$$\xi'^2 + \eta'^2 + \zeta'^2 = 1$$

tritt.

Die Gleichungen (13) müssen aus (11') durch eine lineare Substitution hervorgehen, deren Koeffizienten nur von den Komponenten $\lambda, \mu, \ldots$ der Dyname abhängen. Die nächste Aufgabe ist es, diese Substitution explizite herzustellen.

Wir machen den Ansatz:

$$\begin{aligned} x &= a_1\xi + b_1\eta + c_1\zeta + d_1 \\ y &= a_2\xi + b_2\eta + c_2\zeta + d_2 \\ z &= a_3\xi + b_3\eta + c_3\zeta + d_3, \end{aligned} \tag{14}$$

wobei die Matrix

$$\begin{pmatrix} a_1 & b_1 & c_1 \\ a_2 & b_2 & c_2 \\ a_3 & b_3 & c_3 \end{pmatrix} \tag{15}$$

orthogonal vorausgesetzt wird, so daß die Relation $x'^2 + y'^2 + z'^2 = 1$ eo ipso $\xi'^2 + \eta'^2 + \zeta'^2 = 1$ zur Folge hat. Mit diesem Ansatze gehen wir in die Gleichungen (11') ein und suchen die Koeffizienten $a_1, b_1, \ldots$ so zu bestimmen, daß (11') in (13) übergeht.

Eine längere Rechnung führt zu dem folgenden Ergebnisse.

Zunächst findet man:

$$\begin{gathered} \lambda^2 + \mu^2 + \nu^2 = R^2 \\ c_1 = -\frac{\lambda}{R}, \quad c_2 = -\frac{\mu}{R}, \quad c_3 = -\frac{\nu}{R} \end{gathered} \tag{16}$$

R ist also, wie notwendig, der absolute Betrag des Kraftvektors.

Ferner zeigt sich, daß p die Komponente des Kräftepaares l, m, n in der Richtung der ξ-Axe ist, und es wird

$$p = -\frac{1}{R}(\lambda . l + \mu . m + \nu . n). \tag{17}$$

Der Anfangspunkt des $\xi\eta\zeta$-Systems auf der ξ-Axe und eine Drehung des Systems um diese bleiben offenbar willkürlich.

Eine einfache Bestimmung des Anfangspunktes d_1, d_2, d_3 des $\xi\eta\zeta$-Systems wird die sein, daß man die $\xi\eta$-Ebene durch den Anfangspunkt O des ursprünglichen xyz-Systems legt.

Dann bekommt man:

$$\begin{aligned} d_1 &= (\mu n - \nu m)\frac{1}{R^2} \\ d_2 &= (\nu l - \lambda n)\frac{1}{R^2} \\ d_3 &= (\lambda m - \mu l)\frac{1}{R^2} \end{aligned} \tag{18}$$

Es ist bequem, den Kraftvektor λ, μ, ν durch Polargrößen R, γ, δ darzustellen: wir setzen:

$$\begin{aligned} \lambda &= -R \sin\gamma \sin\delta \\ \mu &= +R \sin\gamma \cos\delta \\ \nu &= -R \cos\gamma. \end{aligned} \tag{19}$$

Indem wir das in (16) und (18) eintragen und die noch zur Verfügung stehende Drehung geeignet bestimmen, erhalten wir die gewünschte lineare Substitution in folgender Form:

$$
(20)\qquad
\begin{aligned}
x &= \cos\delta.\xi - \cos\gamma\sin\delta.\eta + \sin\gamma\sin\delta.\zeta + d_1\\
y &= \sin\delta.\xi + \cos\gamma\cos\delta.\eta - \sin\gamma\cos\delta.\zeta + d_2\\
z &= \qquad\qquad \sin\gamma.\eta \qquad + \cos\gamma.\zeta \qquad + d_3,
\end{aligned}
$$

wo

$$
(20')\qquad
\begin{aligned}
d_1 &= \frac{1}{R}(n\sin\gamma\cos\delta + m\cos\gamma)\\
d_2 &= \frac{1}{R}(n\sin\gamma\sin\delta - l\cos\gamma)\\
d_3 &= \frac{1}{R}\sin\gamma\,(m\sin\delta + l\cos\delta).
\end{aligned}
$$

Man überzeugt sich leicht, daß durch diese Substitution alle drei Gleichungen (11′) in die Form (13) transformiert werden, wobei zu beachten ist, daß die Ausdrücke $\frac{1}{\varrho}$, $\frac{1}{\sigma}$ invariant gegenüber Koordinatentransformationen sind.

Wenn wir jetzt

$$
(21)\qquad
\begin{aligned}
\xi' &= \sin\vartheta_1\sin\psi_1\\
\eta' &= -\sin\vartheta_1\cos\psi_1\\
\zeta' &= \cos\vartheta_1
\end{aligned}
$$

setzen, ergeben sich durch Differentiation von (20) die Transformationsgleichungen von ϑ, ψ in ϑ_1, ψ_1:

$$
(22)\qquad
\begin{aligned}
\sin\vartheta\sin\psi &= \cos\delta\sin\vartheta_1\sin\psi_1 + \cos\gamma\sin\delta\sin\vartheta_1\cos\psi_1\\
&\qquad + \sin\gamma\sin\delta\cos\vartheta_1\\
-\sin\vartheta\cos\psi &= \sin\delta\sin\vartheta_1\sin\psi_1 - \cos\gamma\cos\delta\sin\vartheta_1\sin\psi_1\\
&\qquad - \sin\gamma\cos\delta\cos\vartheta_1\\
\cos\vartheta &= \qquad \sin\gamma \qquad \sin\vartheta_1\cos\psi_1\\
&\qquad + \cos\gamma \qquad \cos\vartheta_1.
\end{aligned}
$$

Die Funktionen $\psi_1, \vartheta_1, \varphi_1$ genügen Differentialgleichungen, die man aus den Lagrangeschen Gleichungen (10b, c, d) durch die Substitution (22) erhält. Diese Transformation führt man am bequemsten aus, indem man bemerkt, daß die drei Gleichungen (10b, c, d) als die Lagrangeschen Gleichungen des folgenden absoluten Variationsproblems angesehen werden können:

$$
\int_0^l F\,ds = \text{Min.},
$$

wo

$$F = \frac{A}{2}(\vartheta'^2 + \sin^2\vartheta \,.\, \psi'^2) + \frac{C}{2}(\varphi_1' + \cos\vartheta \,.\, \psi')^2 - \lambda \sin\vartheta \sin\psi$$
$$+ \mu \sin\vartheta \cos\psi - \nu \cos\vartheta;$$

dabei sehe ich für den Augenblick sowohl hier als in den Substitutionsgleichungen (22) λ, μ, ν bezw. R, γ, δ als gegebene Konstanten an. Da das Minimum vom Koordinatensystem unabhängig ist, werden die Lagrangeschen Gleichungen des durch (22) transformierten Ausdrucks F mit den gewünschten Transformierten des Systems (10b, c, d) identisch sein. Wenn man nun die Invarianz von Krümmung und Torsion beachtet, sieht man, daß F durch (22) in folgenden Ausdruck übergeht:

$$F = \frac{A}{2}(\vartheta_1'^2 + \sin^2\vartheta_1 \,.\, \psi_1'^2) + \frac{C}{2}(\varphi_1' + \cos\vartheta_1 \,.\, \psi_1')^2 - R\cos\vartheta_1.$$

Dieser Ausdruck stimmt genau mit demjenigen überein, welcher unter dem Integralzeichen beim Hamiltonschen Prinzip des symmetrischen Kreisels steht [1]). Wir bekommen daher für $\varphi_1, \psi_1, \vartheta_1$ die Kreiselgleichungen:

$$\frac{d}{ds} C(\varphi_1' + \cos\vartheta_1 \,.\, \psi_1') = 0$$

$$(23) \qquad A\frac{d}{ds}\sin^2\vartheta_1 \,.\, \psi_1' + C\frac{d}{ds}(\varphi_1' + \cos\vartheta_1 \,.\, \psi_1') \,.\, \cos\vartheta_1 = 0$$

$$A\vartheta'' - A\sin\vartheta_1\cos\vartheta_1 \,.\, \psi_1'^2 + C(\varphi_1' + \cos\vartheta_1 \,.\, \psi_1')\,\psi_1'\sin\vartheta_1 = R\sin\vartheta_1.$$

Diese Gleichungen können auch leicht mittelst (21) aus (13) direkt gefolgert werden; darauf ist nachher bei der Einführung der Integrationskonstanten zu achten.

Jetzt kann man leicht das ganze Problem auf die Bestimmung von $\varphi_1, \psi_1, \vartheta_1$ zurückführen. Aus der ersten Gleichung (13) folgt durch Integration:

$$-R\eta\xi' + R\xi\eta' = -p\zeta' + N,$$

wo N eine Integrationskonstante ist.

Berechnen wir hieraus und aus der ersten Gleichung (18) ξ und η, so bekommen wir:

$$\xi = \frac{p(\zeta'\xi'' - \xi'\zeta'') - N\xi''}{R(\xi'\eta'' - \eta'\xi'')}$$

$$\eta = -\frac{p(\eta'\zeta'' - \zeta'\eta'') + N\eta''}{R(\xi'\eta'' - \eta'\xi'')}$$

1) Klein-Sommerfeld, Bd. II, pag. 220.

dazu tritt:

$$\zeta = \int \zeta' \, ds.$$

Vermöge (21) hat man:

$$
\begin{aligned}
&\xi' \eta'' - \eta' \xi'' = \sin^2 \vartheta_1 \, . \, \psi_1' \\
(24') \qquad &\eta' \zeta'' - \zeta' \eta'' = \cos \psi_1 \, . \, \vartheta_1' - \sin \vartheta_1 \cos \vartheta_1 \sin \psi_1 \, . \, \psi_1' \\
&\zeta' \xi'' - \xi' \zeta'' = \sin \psi_1 \, . \, \vartheta_1' + \sin \vartheta_1 \cos \vartheta_1 \cos \psi_1 \, . \, \psi_1'.
\end{aligned}
$$

Setzt man das oben ein, kommt:

$$
\begin{aligned}
&\xi = \frac{\vartheta_1'}{\psi_1'} \, \frac{\sin \psi_1 (p - N \cos \vartheta_1)}{P \sin^2 \vartheta_1} + \frac{N - p \cos \vartheta_1}{P \sin \vartheta_1} \cos \psi_1 \\
(24) \qquad &\eta = - \frac{\vartheta_1'}{\psi_1'} \, \frac{\cos \psi_1 (p - N \cos \vartheta_1)}{P \sin^2 \vartheta_1} - \frac{N - p \cos \vartheta_1}{P \sin \vartheta_1} \sin \psi_1 \\
&\zeta = \int \cos \vartheta_1 \, ds + \text{konst.}
\end{aligned}
$$

Es bleiben jetzt noch die Kreiselgleichungen (23) zu integrieren, was in bekannter Weise geschieht.

Aus den ersten beiden Gleichungen (23) folgt:

$$
\begin{aligned}
C (\varphi_1' + \cos \vartheta_1 \, . \, \psi_1') &= \text{konst.} \\
A \sin^2 \vartheta_1 \, . \, \psi_1' + C (\varphi_1 + \cos \vartheta_1 \, . \, \psi_1') \cos \vartheta_1 &= \text{konst.}
\end{aligned}
$$

Die Konstante der ersten Gleichung ist offenbar gleich der eben eingeführten N; das sieht man, indem man die letzte Gleichung (13) differentiiert und von der ersten abzieht.

Die Konstante der zweiten Gleichung ist gleich p zu setzen, denn man bekommt die Gleichung aus der zweiten Gleichung (13) durch Einführung der Werte (24), (24').

Die dritte Gleichung (23) läßt sich aus (13) nur durch eine Differentiation herstellen, liefert also eine neue Integrationskonstante h derselben Stufe, wie N.

Wir haben also:

$$
(25) \qquad
\begin{aligned}
C (\varphi_1' + \cos \vartheta \, . \, \psi_1') &= N \\
A \sin^2 \vartheta_1 \, . \, \psi_1' + C (\varphi_1 + \cos \vartheta_1 \, . \, \psi_1') \cos \vartheta_1 &= p.
\end{aligned}
$$

Die erste Gleichung sagt aus, daß d i e g e s a m t e T o r s i o n k o n s t a n t ist.

Aus der zweiten folgt:

$$(26) \qquad \psi_1' = \frac{p - N \cos \vartheta_1}{A \sin^2 \vartheta_1};$$

also wird:

(27) $$\varphi_1' = N\left(\frac{1}{C} - \frac{1}{A}\right) + \frac{N - p\cos\vartheta_1}{A\sin^2\vartheta_1}.$$

Aus der dritten Gleichung (23) folgt nach Multiplikation mit ϑ' durch Integration die der Gleichung der lebendigen Kraft des Kreisels entsprechende Beziehung:

(28) $$\frac{A}{2}\left\{\vartheta_1'^2 + \left(\frac{N\cos\vartheta_1 - p}{A\sin\vartheta_1}\right)^2\right\} + \frac{C}{2}\left\{\frac{N^2}{C^2}\right\} + R\cos\vartheta_1 = h.$$

Wir führen die Hilfsvariable

(29) $$u = \cos\vartheta_1$$

ein; die vorstehende Gleichung schreibt sich dann, nachdem wir sie mit $2A\sin^2\vartheta$ multipliziert haben:

$$A^2 u'^2 + (Nu - p)^2 + \frac{A}{C} N^2 (1 - u^2) + 2ARu(1 - u^2) = 2Ah(1 - u^2).$$

Setzen wir jetzt:

(30) $$U = 2Ah(1 - u^2) - (Nu - p)^2 - \frac{A}{C} N^2 (1 - u^2) - 2ARu(1 - u^2),$$

so wird

(31) $$u' = \frac{1}{A}\sqrt{U}.$$

In U führen wir statt der Konstanten h die Konstante k ein durch die Gleichung:

$$2Ah - \frac{A}{C} N^2 = k - N^2,$$

sodaß sich ergibt:

(30′) $$U = 2ARu^3 - ku^2 + 2(pN - AR)u + (k - N^2 - p^2).$$

Aus (26), (27) folgt jetzt:

$$s = A\int_{u_0}^{u} \frac{du}{\sqrt{U}}, \quad u = \cos\vartheta_1$$

(32) $$\psi_1 = \int_{u_0}^{u} \frac{p - Nu}{1 - u^2} \frac{du}{\sqrt{U}} + c_1$$

$$\varphi_1 = \int_{u_0}^{u} \frac{N - pu}{(1 - u^2)} \frac{du}{\sqrt{U}} + N\left(\frac{1}{C} - \frac{1}{A}\right)s + c_2,$$

wo u_0, c_1, c_2 Integrationskonstanten sind.

Aus (28) oder (31) folgt:

$$\vartheta_1' = \frac{1}{A}\sqrt{\frac{U}{1-u^2}}. \tag{31'}$$

Setzen wir das und $\psi_1' = \dfrac{p - Nu}{A(1-u^2)}$ in (24) ein, so kommt:

$$\begin{aligned} \xi &= \frac{1}{R}\sin\psi_1\sqrt{\frac{U}{1-u^2}} + \frac{N - pu}{R\sqrt{1-u^2}}\cos\psi_1 \\ \eta &= -\frac{1}{R}\cos\psi_1\sqrt{\frac{U}{1-u^2}} - \frac{N-pu}{R\sqrt{1-u^2}}\sin\psi_1 \\ \zeta &= A\int_{u_0}^{u}\frac{u\,du}{\sqrt{U}} + c_3. \end{aligned} \tag{33}$$

Damit haben wir $\xi, \eta, \zeta, \varphi_1, \psi_1, \vartheta_1$ als Funktionen von s und den sechs neuen Integrationskonstanten k, N, u_0, c_1, c_2, c_3 gefunden (R, p sind nach (16), (17) von $\lambda, \mu, \nu, l, m, n$ abhängig).

Setzen wir diese Ausdrücke in (20) und (22) ein, bekommen wir $x, y, z, \varphi_1, \psi, \vartheta$ als Funktionen von s und den zwölf Konstanten $R, \gamma, \delta, l, m, n, k, N, u_0, c_1, c_2, c_3$. Da das Differentialgleichungssystem (10) zusammen mit den drei Nebenbedingungen (8) von der zwölften Ordnung ist, so haben wir das allgemeine Integral.

Wir müssen jetzt das Extremalenfeld konstruieren, welches den Randbedingungen des Variationsproblems entspringt. Wir deuten die sechs Funktionen $x, y, z, \varphi_1, \psi, \vartheta$ als eine Kurve im 7-dimensionalen $sxyz\varphi_1\psi\vartheta$-Raume. Alle Extremalen bilden in diesem eine zwölfparametrige Kurvenschar, aus der wir durch die Forderungen (8'), S. 69, eine sechsparametrige auszusondern haben.

Setzen wir zunächst in (20) $s = 0$, so finden wir infolge von (8'):

$$\begin{aligned} \cos\delta\,.\,\xi_0 - \cos\gamma\sin\delta\,.\,\eta_0 + \sin\gamma\sin\delta\,.\,\zeta_0 + d_1 &= 0 \\ \sin\delta\,.\,\xi_0 + \cos\gamma\cos\delta\,.\,\eta_0 - \sin\gamma\cos\delta\,.\,\zeta_0 + d_2 &= 0 \\ \sin\gamma\,.\,\eta_0 + \cos\gamma\,.\,\zeta_0 + d_3 &= 0. \end{aligned}$$

Lösen wir diese linearen Gleichungen nach ξ_0, η_0, ζ_0 auf und setzen für d_1, d_2, d_3 die Werte (20') ein, so erhalten wir:

$$\begin{aligned} \xi_0 &= -\frac{1}{R}(n\sin\gamma + \cos\gamma(m\cos\delta - l\sin\delta)) \\ \eta_0 &= \frac{1}{R}(m\sin\delta + l\cos\delta) \\ \zeta_0 &= 0. \end{aligned} \tag{34}$$

In ganz derselben Weise folgt aus (22) für $s = 0$:

$$\begin{aligned} \sin\vartheta_1 \sin\psi_1 &= 0 \\ -\sin\vartheta_1 \cos\psi_1 &= \sin\gamma \\ \cos\vartheta_1 &= \cos\gamma. \end{aligned}$$

Wir können also für $s = 0$

(35) $$\psi_1 = \pi, \quad \vartheta_1 = \gamma$$

setzen.

Jetzt setzen wir in den Formeln (32) und (33) überall $s = 0$. Zunächst haben wir:

(36) $$u_0 = \cos\gamma,$$

und finden unter Benutzung von (34) und (35):

(37) $$c_1 = \pi, \quad c_2 = 0, \quad c_3 = 0.$$

Die ersten beiden Gleichungen (33) liefern durch Vermittlung von (34) die Werte für N und k; man hat nämlich nach (33):

$$\begin{aligned} \xi_0 = -\frac{N - pu_0}{R\sqrt{1-u_0^2}} &= -\frac{1}{R}\left\{\frac{N - \cos\gamma(l\sin\gamma\sin\delta - m\sin\gamma\cos\delta + n\cos\gamma)}{\sin\gamma}\right\} \\ &= -\frac{1}{R}\left\{\frac{N - n\cos^2\gamma}{\sin\gamma} + \cos\gamma\,(m\cos\delta - l\sin\delta)\right\}. \end{aligned}$$

Vergleichen wir das mit (34), so ergibt sich:

$$\frac{N - n\cos^2\gamma}{\sin\gamma} = n\sin\gamma,$$

also

(38) $$N = n.$$

Ebenso folgt aus (33)

$$\begin{aligned} \eta_0 &= \frac{1}{R}\sqrt{\frac{U_0}{1-u_0^2}} \\ &= \frac{1}{R\sin\gamma}\sqrt{2AR\cos^3\gamma - k\cos^2\gamma + 2(pN - AR)\cos\gamma + k - N^2 - p^2}. \end{aligned}$$

Das liefert durch Vergleich mit (34) für k die Gleichung:

$$\sin^2\gamma(m\sin\delta + l\cos\delta)^2 - 2AR\cos^3\gamma - 2(pn - AR)\cos^2\gamma + n^2 + p^2 = k\sin^2\gamma;$$

nun ist nach (17) und (19):

$$p^2 - 2pn\cos\gamma + n^2 = \sin^2\gamma\{(l\sin\delta - m\cos\delta)^2 + n^2\};$$

ferner ist

$$-2AR\cos^2\gamma + 2AR\cos\gamma = 2AR\cos\gamma.\sin^2\gamma.$$

Setzt man das oben ein, ergibt sich

$$k = m^2 + l^2 + n^2 + 2AR\cos\gamma. \tag{39}$$

Durch die Gleichungen (36) bis (39) sind die Parameter u_0, c_1, c_2, c_3, N, k durch $R, \gamma, \delta, l, m, n$ ausgedrückt, also ist die sechsparametrige, vom Nullpunkte des 7-dimensionalen Raumes ausstrahlende Extremalenschar hergestellt. Ich stelle ihre Gleichungen nicht noch einmal zusammen, weil ich keinen Gebrauch von ihnen mache.

Auf das Feld sind nun die hinreichenden Kriterien anzuwenden.

Die Weierstraßsche E-Funktion ergibt sich nach (9) folgendermaßen:

$$E = \frac{A}{2}\{(\vartheta' - p)^2 + \sin^2\vartheta\,(\psi' - q)^2\} + \frac{C}{2}\{(\varphi_1' + \cos\vartheta.\psi') - (r + \cos\vartheta.q)\}^2$$

Sie ist also durchaus positiv. Soweit das Feld regulär ist, findet ein starkes Minimum statt.

Die Jacobische Determinante

$$D = \frac{\partial(x, y, z, \varphi_1, \psi, \vartheta)}{\partial(R, \gamma, \delta, l, m, n)}$$

zu untersuchen, scheint aussichtslos, weil bereits das soviel einfachere ebene Problem zu keinem Resultate führt.

§ 13. Der durch einen starren Körper belastete Draht.

Ein Draht von der Länge l sei im Raume mit dem einem Ende A festgeklemmt, am andern B sei ein starrer Körper vom Gewichte P angebracht, dessen Schwerpunkt G nicht in die Befestigungsstelle am Drahte zu fallen braucht.

Wir legen den Nullpunkt des Koordinatensystems xyz in die Klemmstelle und nehmen die positive z-Axe vertikal aufwärts an. Die Bogenlänge s zählen wir vom freien Ende nach dem Nullpunkte hin.

Durch den starren Körper, der am freien Ende angebracht ist, ist von selbst ein solches, mit der Substanz des Drahtes verbundenes Axenkreuz repräsentiert, wie wir es im vorigen Paragraphen, S. 70, mit $\bar{x}, \bar{y}, \bar{z}$ bezeichnet und zur Definition des Winkels

φ_1 benützt haben, wobei die $\bar{z}$-Axe in die Tangentenrichtung fällt G möge in der $\bar{x}\bar{z}$-Ebene liegen. Ich brauche hier auf die Bedeutung der Winkel φ und Φ des vorigen Paragraphen gar nicht einzugehen, sondern kann mich auf den Winkel φ_1 beschränken, dem eine klare geometrische Bedeutung zukommt; ich werde ihn der Kürze halber einfach mit φ bezeichnen.

Der Schwerpunkt G des starren Körpers habe von der Befestigungsstelle B am Drahte den Abstand r, und dieser bilde mit der Tangentenrichtung am freien Ende den Winkel T.

Ich denke mir nun zunächst den Draht in seiner natürlichen, geraden und untordierten Gestalt parallel der z-Axe vertikal abwärts gehalten, ohne daß das obere Ende festgeklemmt ist, und zwar so, daß die durch G und die Tangentenrichtung am freien Ende bestimmte $\bar{x}\bar{z}$-Ebene mit der xz-Ebene zusammenfällt; von dieser Stellung aus rechne ich die Winkel φ, ψ, ϑ. Jetzt klemme ich das obere Drahtende vertikal abwärts fest und überlassen den Draht sich selbst; er wird wegen des exzentrisch angebrachten Körpers eine gekrümmte Gleichgewichtslage annehmen. Nun drehe ich die Klemmrichtung um die horizontale y-Axe in der xz-Ebene durch den Winkel Θ; der Draht wird eine andere Gleichgewichtslage annehmen, die nicht tordiert sein kann. Schließlich drehe ich die Klemmvorrichtung um ihre eigene Richtung durch den Winkel Φ, wodurch die Torsion des Drahtes bewirkt wird. Das freie Ende mit dem daran befestigten Körper wird sich in einer Lage einstellen, die durch die Eulerschen Winkel φ_0, ψ_0, ϑ_0 bestimmt sein möge.

Durch diese schrittweise Herstellung der Gleichgewichtslage ist es also möglich, an der Klemmstelle die Werte von φ und ϑ, Φ und Θ, zahlenmäßig vorzuschreiben; der Wert von ψ ist offenbar unwesentlich, nach obigen Festsetzungen ist er gleich 0 zu setzen.

Mithin sind für $s = l$ die Werte $x = 0$, $y = 0$, $z = 0$, $\varphi = \Phi$, $\vartheta = \Theta$, $\psi = 0$ gegeben, während am freien Ende $s = 0$ keine der sechs Funktionen gegeben ist.

Die potentielle Energie des Systems setzt sich aus der des Drahtes und der des schweren starren Körpers zusammen.

Erstere beträgt (vergl. S. 69):

$$\int_0^l \left\{ \frac{A}{2} (\vartheta'^2 + \sin^2\vartheta \cdot \psi'^2) + \frac{C}{2} (\varphi' + \cos\vartheta \cdot \psi')^2 \right\} ds.$$

Die Höhe des Schwerpunkts G setzt sich aus folgenden drei Teilen additiv zusammen:

1) Die Erhebung z_0 des freien Drahtendes B.

2) Die Höhe des Fußpunktes des Lotes, das von G auf die Tangente im Drahtende B gefällt ist, über der durch B gelegten Horizontalebene; für diese Höhe entnehmen wir aus der Fig. 15 den Wert

$$r \cos \vartheta_0 \cos T.$$

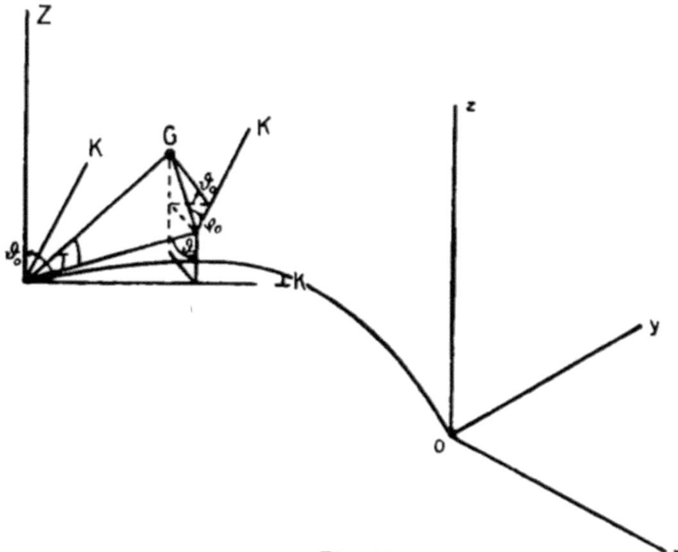

Fig. 15.

3) Die Höhe von G über der durch jenen Fußpunkt gelegten Horizontalebene hat nach Fig. 15 den Betrag

$$r \sin \vartheta_0 \sin T \sin \varphi_0 .$$

Demnach beträgt die potentielle Energie des starren Körpers:

$$Pz_0 + Pr \{\cos \vartheta_0 \cos T + \sin \vartheta_0 \sin T \sin \varphi_0\}.$$

Das kann man, wenn man eine additive Konstante vernachlässigt, in Form eines über den Draht erstreckten bestimmten Integrals folgendermaßen schreiben:

$$\int_0^l \{-P \cos \vartheta + Pr [(\cos T \sin \vartheta - \sin T \cos \vartheta \sin \varphi) \vartheta' \\ - \sin T \sin \vartheta \cos \varphi . \varphi']\} ds.$$

Das Variationsproblem, das die stabilen Gleichgewichtslagen definiert, lautet demnach folgendermaßen:

Es ist im 7-dimensionalen $sxyz\varphi\psi\vartheta$-Raume der Punkt

$$s = l, \quad x = 0, \quad y = 0, \quad z = 0, \quad \varphi = \Phi, \quad \psi = 0, \quad \vartheta = \Theta$$

mit dem 6-dimensionalen Raume

$$s = 0$$

durch die Kurve zu verbinden, für die

$$\int_0^l F\,ds = \text{Min.},$$

während

$$(1) \qquad \begin{aligned} x' - \sin\vartheta \sin\psi &= 0 \\ y' + \sin\vartheta \cos\psi &= 0 \\ z' - \cos\vartheta \quad &= 0; \end{aligned}$$

dabei ist

$$(1') \quad F = \frac{A}{2}(\vartheta'^2 + \sin^2\vartheta \,.\, \psi'^2) + \frac{C}{2}(\varphi' + \cos\vartheta \,.\, \psi')^2 - P\cos\vartheta$$
$$+ Pr\,[(\cos T \sin\vartheta - \sin T \cos\vartheta \sin\varphi)\,\vartheta' - \sin T \sin\vartheta \cos\varphi \,.\, \varphi'].$$

Mit Hilfe von drei Lagrangeschen Faktoren λ, μ, ν bilde ich den Ausdruck:

$$(2) \quad F^* = F + \lambda(x' - \sin\vartheta \sin\psi) + \mu(y' + \sin\vartheta\cos\psi) + \nu(z' - \cos\vartheta).$$

Die Lagrangeschen Gleichungen lauten so:

$$\text{(a)} \qquad \lambda' = 0, \quad \mu' = 0, \quad \nu' = 0$$

$$\text{(b)} \qquad \frac{d}{ds}\{C(\varphi' + \cos\vartheta \,.\, \psi') - Pr \sin T \sin\vartheta \cos\varphi\}$$
$$+ Pr \sin T \cos\vartheta \cos\varphi \,.\, \vartheta' - Pr \sin T \sin\vartheta \sin\varphi \,.\, \varphi' = 0$$

$$(3) \quad \text{(c)} \qquad \frac{d}{ds}\{A \sin^2\vartheta \,.\, \psi' + C(\varphi' + \cos\vartheta \,.\, \psi')\cos\vartheta\}$$
$$+ \lambda \sin\vartheta \cos\psi + \mu \sin\vartheta \sin\psi = 0$$

$$\text{(d)} \qquad A\vartheta'' + \frac{d}{ds} Pr\,[\cos T \sin\vartheta - \sin T \cos\vartheta \sin\varphi]$$
$$- A \sin\vartheta \cos\vartheta \,.\, \psi'^2 + C(\varphi' + \cos\vartheta \,.\, \psi')\sin\vartheta \,.\, \psi' - P\sin\vartheta$$
$$- Pr\,[\cos T \cos\vartheta \,.\, \vartheta' + \sin T \sin\vartheta \sin\varphi \,.\, \vartheta' - \sin T \cos\vartheta \cos\varphi \,.\, \varphi']$$
$$+ \lambda \cos\vartheta \sin\psi - \mu \cos\vartheta \cos\psi - \nu \sin\vartheta = 0.$$

Hier heben sich alle von dem Drehmomente des starren Körpers herrührenden Glieder weg und es bleiben die Gleichungen (10) des vorigen Paragraphen, S. 70, übrig, nur daß auf der linken Seite der letzten Gleichung das Glied $-P\sin\vartheta$ hinzutritt.

Die Randbedingungen entsprechen dem in § 1, unter 2) genannten Falle; sie lauten nach § 1, (10), S. 9, für $s = 0$:

$$\frac{\partial f}{\partial s} : \frac{\partial f}{\partial x} : \cdots : \frac{\partial f}{\partial \vartheta} = H : F_{x'}^{*} : \cdots : F_{\vartheta'}^{*},$$

wobei hier

$$f(s, x, y, z, \varphi, \psi, \vartheta) = s$$

zu setzen ist; also bekommen wir für $s = 0$:

$$F_{x'}^{*} = 0, \quad F_{y'}^{*} = 0, \quad F_{z'}^{*} = 0, \quad F_{\varphi'}^{*} = 0, \quad F_{\psi'}^{*} = 0, \quad F_{\vartheta'}^{*} = 0$$

oder nach (2):

$$\lambda = 0, \quad \mu = 0, \quad \nu = 0$$

$$(4)\qquad \begin{aligned} &A\vartheta_0' + Pr\,[\cos T \sin\vartheta_0 - \sin T \cos\vartheta_0 \sin\varphi_0] = 0 \\ &A \sin^2\vartheta_0 \,.\, \psi_0' + C(\varphi_0' + \cos\vartheta_0 \,.\, \psi_0') \cos\vartheta_0 = 0 \\ &C(\varphi_0' + \cos\vartheta_0 \,.\, \psi_0') - Pr \sin T \sin\vartheta_0 \cos\varphi_0 = 0. \end{aligned}$$

Aus den ersten drei Gleichungen schließen wir nun, wie früher (S. 45), daß hinsichtlich der Konstruktion des Feldes das Variationsproblem (1) sich genau so verhält, wie dasjenige, welches durch Weglassen der drei Nebenbedingungen aus ihm hervorgeht. Wir können uns also auf die Betrachtung der drei Funktionen φ, ψ, ϑ von s beschränken.

Die für diese geltenden Differentialgleichungen (3, b, c, d) geben nun wegen $\lambda = \mu = \nu = 0$ genau in die „Kreiselgleichungen" (23) des vorigen Paragraphen über, die wir dort für $\varphi_1, \psi_1, \vartheta_1$ gefunden hatten; nur ist R durch P zu ersetzen.

Von dort entnehmen wir auch das System der drei ersten Integralgleichungen, (25) und (31′) des § 12, welche in der Bezeichnung dieses Paragraphen so lauten:

$$(5)\qquad \begin{aligned} C(\varphi' + \cos\vartheta \,.\, \psi') &= N \\ A \sin^2\vartheta \,.\, \psi' + C(\varphi' + \cos\vartheta \,.\, \psi')\cos\vartheta &= p \\ \vartheta' &= \frac{1}{A}\sqrt{\frac{U}{1-u^2}}, \end{aligned}$$

wobei in der letzten Gleichung

$$(6)\qquad \begin{aligned} u &= \cos\vartheta, \\ U &= -(Nu - p)^2 + (k - N^2 - 2\,APu)(1 - u^2) \end{aligned}$$

gesetzt ist. N, p, k sind hier natürlich alle drei unabhängige Integrationskonstanten.

Setzen wir in (5) $s = 0$, so zeigt der Vergleich mit (4) sofort:

$$
\begin{aligned}
p &= 0 \\
N &= Pr \sin T \sin \vartheta_0 \cos \varphi_0 .
\end{aligned}
\tag{7}
$$

Ferner hat man:

$$
\begin{aligned}
U_0 &= (1 - u_0^2)(k - 2AP u_0) - N^2, \\
&= \sin^2 \vartheta_0 (k - 2AP \cos \vartheta_0) - P^2 r^2 \sin^2 T \sin^2 \vartheta_0 \cos^2 \varphi_0 .
\end{aligned}
$$

Demnach wird:

$$
\vartheta_0'^2 = \frac{1}{A^2} \{ k - 2AP \cos \vartheta_0 - P^2 r^2 \sin^2 T \cos^2 \varphi_0 \};
$$

vergleichen wir das mit der ersten Gleichung (4), so kommt:

$$
\begin{aligned}
k = 2AP \cos \vartheta_0 + P^2 r^2 \{ & [\cos T \sin \vartheta_0 - \sin T \cos \vartheta_0 \sin \varphi_0]^2 \\
& + \sin^2 T \cos^2 \varphi_0 \}.
\end{aligned}
\tag{7'}
$$

Unter Heranziehung der Formeln (32) des vorigen Paragraphen erkennen wir, daß wir folgende dreiparametrige Extremalenschar im $s\varphi\psi\vartheta$-Raume erhalten:

$$
\begin{aligned}
s &= A \int_{u_0}^{u} \frac{du}{\sqrt{U}}, \quad u = \cos \vartheta, \quad u_0 = \cos \vartheta_0 \\
\psi - \psi_0 &= - N \int_{u_0}^{u} \frac{u\,du}{(1 - u^2)\sqrt{U}} \\
\varphi - \varphi_0 &= N \int_{u_0}^{u} \frac{du}{(1 - u^2)\sqrt{U}} + N \left(\frac{1}{C} - \frac{1}{A} \right) \cdot s ;
\end{aligned}
\tag{8}
$$

dabei bedeutet U den Ausdruck

$$
U = (1 - u^2)(k - 2APu) - N^2 ;
$$

und N und k sind vermöge (7), (7') als Funktionen der drei Parameter $\varphi_0, \psi_0, \vartheta_0$ ausgedrückt zu denken. Man bemerkt nun, daß in diesen Ausdrücken ψ_0 gar nicht vorkommt: demnach ist ψ_0 in (8) überhaupt nur additiv in der zweiten Gleichung enthalten, und dadurch wird das Problem wieder um eine Ordnung erniedrigt [1]). Bildet man nämlich die Jacobische Determinante

1) Mit Bezugnahme auf die Anmerkung auf S. 45 bemerke ich, daß diese Vereinfachung vorauszusehen ist, weil das Feld gemäß den Randbedingungen durch die Gruppe der Translationen parallel der ψ-Axe in sich übergeführt wird.

$$D = \frac{\partial(\varphi, \vartheta, \psi)}{\partial(\varphi_0, \vartheta_0, \psi_0)},$$

so wird deren letzte Vertikalreihe die Elemente

$$\frac{\partial\varphi}{\partial\psi_0} = 0, \quad \frac{\partial\vartheta}{\partial\psi_0} = 0, \quad \frac{\partial\psi}{\partial\psi_0} = 1$$

haben; D reduziert sich also auf eine Determinante zweiter Ordnung:

$$D = \frac{\partial(\varphi, \vartheta)}{\partial(\varphi_0, \vartheta_0)}.$$

Wir können daher bei der Konstruktion des Feldes die Funktion ψ ganz weglassen und uns auf den dreidimensionalen $s\vartheta\varphi$-Raum beschränken. Wenn wir nun, um die Analogie mit § 10 hervortreten zu lassen, die Bezeichnung ein wenig ändern, so haben wir im $s\vartheta\varphi$-Raum folgende zweiparametrige, von der $\vartheta\varphi$-Ebene $s = 0$ transversal ausstrahlende Extremalenschar zu untersuchen:

$$s = \frac{1}{p\sqrt{2}} \int_{u_0}^{u} \frac{du}{\sqrt{(1-u^2)(-u-K) - M^2}}, \qquad u = \cos\vartheta, \quad u_0 = \cos\vartheta_0$$

$$(9) \qquad \varphi - \varphi_0 = M \int_{u_0}^{u} \frac{du}{(1-u^2)\sqrt{(1-u^2)(-u-K) - M^2}} + M\sqrt{2} \cdot p\left(\frac{A}{C} - 1\right) \cdot s,$$

wo $p = \sqrt{\frac{P}{A}}$ gesetzt ist und K und M folgendermaßen von ϑ_0, φ_0 abhängen:

$$(9') \qquad \begin{aligned} K &= -\cos\vartheta_0 - \frac{p^2 r^2}{2} \{ [\cos T \sin\vartheta_0 - \sin T \cos\vartheta_0 \sin\varphi_0]^2 \\ &\qquad + \sin^2 T \cos^2\varphi_0 \} = -\frac{k}{2AP} \\ M &= \frac{pr}{\sqrt{2}} \sin T \sin\vartheta_0 \cos\varphi_0 = \frac{N}{\sqrt{2AP}} \end{aligned}$$

In diesem Felde ist das Weierstraßsche Kriterium überall erfüllt; denn da der Ausdruck F^*, (2), (1'), sich von dem des § 12, (9), S. 70, nur um Glieder unterscheidet, die in den Ableitungen linear sind, ist die E-Funktion hier genau dieselbe wie in § 12, S. 70. Die Untersuchung der Stabilität läuft also heraus auf die Frage nach der Enveloppe des Feldes (9).

Ehe ich mich dieser zuwende, will ich noch bemerken, daß ich in diesem ebenso wenig wie in dem vorigen Paragraphen auf eine geometrische Diskussion der elastischen Linien selbst eingehe; einmal ist diese im wesentlichen auf die Theorie des symmetrischen Kreisels zurückgeführt, sodann ist, besonders bei der Fragestellung dieses Paragraphen, durch die Diskussion der elastischen Kurven überhaupt wenig gewonnen, solange die Stabilitätsfrage unerledigt ist.

Das eine aber ist zu beachten, daß durch die Gleichungen (8) nicht die allgemeinste Kreiselbewegung, also auch nicht die allgemeinste elastische Linie dargestellt wird. Es verschwindet nämlich die Integrationskonstante p, welche nach § 12, (17), die Komponente des Drehmoments um die Kraftaxe, hier also um die Vertikale bedeutet. Beim Kreisel ist p die Impulskomponente um die Vertikale[1]), der „seitliche Anstoß.“ Wenn, wie in § 12, beide Enden des Drahtes festgeklemmt sind, findet eine solche Beschränkung nicht statt; man kann durch geeignete Grenzbedingungen jede elastische Linie herstellen.

Das Feld (9) wird im allgemeinen Falle ein sehr verwickeltes Verhalten haben; war doch schon das entsprechende ebene Problem recht kompliziert, wie z. B. die Zeichnungen Blatt 7—13 zeigen. Da man offenbar φ_0, ϑ_0 auf das Intervall 0 bis 2π einschränken kann, so strahlen die Feldkurven aus dem Quadrate der Ebene $s = 0$ mit den Ecken

$$0, 0; \quad 0, 2\pi; \quad 2\pi, 2\pi; \quad 2\pi, 0$$

heraus und werden im Raume eine Fläche einhüllen, die analoge Singularitäten haben wird, wie die ebenen Enveloppen in den Zeichnungen. Offenbar ist hier dieselbe Zweideutigkeit, wie beim ebenen Problem vorhanden, indem man die Extremalen von der Ebene $s = 0$ aus sowohl nach der Richtung der wachsenden als der abnehmenden s-Werte verfolgen kann; es rührt das wieder davon her, daß in unserm Ansatz die Fälle T und $T + \pi$ nicht geschieden werden. Sind nun die Drahtlänge l, die Klemmrichtung gegen die Vertikale Θ und die Torsionsgröße Φ gegeben, so sucht man im $s\vartheta\varphi$-Raume den Punkt l, Θ, Φ auf und bestimmt die Kurven des Feldes, die durch ihn gehen, ohne zuvor die Enveloppe berührt zu haben; diese geben die stabilen Gleichgewichtslagen an.

Die Determinante D, mit deren Hilfe die Enveloppengleichung aufgestellt werden kann, wird ein Ausdruck von undurchsichtiger Bauart, den ich nicht angeben will.

1) Bei Klein-Sommerfeld mit n bezeichnet.

Zum Schlusse will ich die Fälle behandeln, wo die elastische Linie in eine ebene ausartet; insbesondere will ich erklären, warum ebene Elastikabögen in gewissen Fällen im Raume instabil werden.

Wenn die elastische Kurve eben sein soll, so muß ψ konstant $= \psi_0$ sein; aus (8) schließen wir, daß das nur möglich ist, wenn N oder M, verschwindet. Dann aber verschwindet auch $\varphi - \varphi_0$, so daß nicht nur die geometrische, sondern auch die physikalische Torsion fehlt.

Bei dieser Belastung ist also keine ebene Elastika mit innerem Drall möglich.

M kann in folgenden vier Fällen verschwinden:

$$1)\ r = 0, \quad 2)\ T = 0, \pi, \quad 3)\ \vartheta_0 = 0, \pi, \quad 4)\ \varphi_0 = \frac{\pi}{2}, \frac{3\pi}{2}.$$

Die Fälle 1) und 2) sind ersichtlich von anderer Natur, wie die beiden letzten; das Verschwinden von M rührt bei ihnen von der speziellen Lage des starren Körpers in bezug auf das Drahtende her, indem der Schwerpunkt mit diesem zusammenfällt oder auf der Tangente im Drahtende liegt. M verschwindet also identisch in ϑ_0, φ_0, d. h. für alle Kurven des Feldes. Sie alle werden ebene Kurven, und φ behält auf jeder seinen Anfangswert φ_0 bei, sodaß

$$\frac{\partial \varphi}{\partial \vartheta_0} = 0, \quad \frac{\partial \varphi}{\partial \varphi_0} = 1$$

ist und D sich auf $\frac{\partial \vartheta}{\partial \vartheta_0}$ reduziert. Gleichzeitig geht K in den Ausdruck § 10, (8), S. 56, über und der Ausdruck für ϑ als Funktion von s in den des ebenen Problems § 10.

Bei der durch 1) oder 2) definierten Befestigungsart des starren Körpers am Drahte verhält sich also die Stabilität im Raume genau so wie die in der Ebene (Zeichnungen Blatt 7—13).

In den Fällen 3) und 4) aber verschwindet M nicht identisch in ϑ_0 und φ_0. Die Gleichgewichtsform ist zwar eine ebene Kurve, das umgebende Feld wird aber im allgemeinen aus räumlichen Kurven bestehen. Man rechnet leicht nach, daß in beiden Fällen die Determinante D sich nicht auf $\frac{\partial \vartheta}{\partial \vartheta_0}$ reduziert; ihre Nullstellen werden daher nicht mit denen von $\frac{\partial \vartheta}{\partial \vartheta_0}$ übereinstimmen.

Der Fall 3) $\vartheta_0 = 0, \pi$ bedeutet, daß das freie Drahtende vertikal auf- oder abwärts gerichtet ist. Die bloße Anschauung lehrt, daß eine solche Gleichgewichtslage in der Tat untordiert und eben sein muß. Im $s\vartheta\varphi$-Raume handelt es sich um die Kurven, die von den Geraden $\vartheta_0 = 0$ und $\vartheta_0 = \pi$ der $\vartheta\varphi$-Ebene ausstrahlen; diese selbst sind also eben, da auf jeder $\varphi = \varphi_0 =$ konst. ist, ihre Nachbarkurven sind aber gekrümmt. Dieser Fall bietet weiter kein Interesse, weil er für ebene elastische Kurven allein gar keinen Sinn hat; denn jede der ebenen Extremalen liegt in einer anderen Ebene, sodaß sie für sich keine ebene Enveloppe bilden können.

Wohl ist das aber der Fall bei 4), wo $\varphi_0 = \frac{\pi}{2}, \frac{3\pi}{2}$ ist. Das bedeutet solche Gleichgewichtslagen, wo der Schwerpunkt G vertikal über oder unter der Tangente im Drahtende liegt. Im $s\vartheta\varphi$-Raume handelt es sich um die Extremalen, die von den Geraden $\varphi_0 = \frac{\pi}{2}$, $\varphi_0 = \frac{3\pi}{2}$ der $\vartheta\varphi$-Ebene ausgehen; da auf jeder der Kurven $\varphi = \varphi_0 = \frac{\pi}{2}$ bezw. $\frac{3\pi}{2}$ bleibt, so liegen alle diese Kurven in derselben Ebene $\varphi_0 = \frac{\pi}{2}$ bezw. $= \frac{3\pi}{2}$; sie haben als ebene Kurven also eine ebene Enveloppe, und das wird nichts anderes sein als die in § 10 behandelte (Zeichnungen Blatt 7—13). Diese gibt die Stabilität an, wenn man den Draht durch eine künstliche Führung zwingt, in einer Ebene zu bleiben. Die ebene Enveloppe ist zwar sicher eine Kurve auf der räumlichen Enveloppenfläche im $s\vartheta\varphi$-Raume, sie braucht aber durchaus nicht dem ersten Mantel dieser Fläche (von der $\vartheta\varphi$-Ebene aus) anzugehören, den unsere ebene Kurvenschar berührt; denn die Determinante D stimmt nicht mit dem Ausdruck $\frac{d\vartheta}{d\vartheta_0}$ des ebenen Problems überein. Also können die entsprechenden ebenen Gleichgewichtsfiguren des Drahtes im Raume instabil sein, obwohl sie stabil sind, sobald man den Draht künstlich in seiner Ebene erhält.

Anhang.

Über das Dirichletsche Stabilitätsprinzip.

Die folgenden Ausführungen sind Überlegungen nachgebildet, die gewöhnlich in der Mechanik der Systeme diskreter Massen angestellt werden[1]). Es handelt sich darum, die Anwendung des Dirichletschen Stabilitätskriteriums auf die im vorangehenden behandelten Systeme dadurch zu begründen, daß es als Folge aus dem Hamiltonschen Prinzipe nachgewiesen wird.

I. Es sei das Variationsproblem vorgelegt: In dem Gebiete Ω der xy-Ebene, dessen Randkurve S durch

$$x = x(s), \quad y = y(s)$$

gegeben sei, soll unter allen Funktionen z, die dieselben Randwerte

$$z(x(s), \quad y(s)) = z(s)$$

haben, diejenige bestimmt werden, die das Integral

$$\iint\limits_{(\Omega)} F(z_x, z_y, z, x, y)\, d\omega \tag{1}$$

zum Minimum macht.

Differentiationen deute ich hier, wie im folgenden, durch Indizes an.

Ich setze voraus, daß eine Lösung dieses Problems existiert; diese genügt der Lagrangeschen Gleichung

$$\frac{\partial}{\partial x} F_{z_x} + \frac{\partial}{\partial y} F_{z_y} - F_z = 0 \tag{2}$$

und der Legendreschen Bedingung, daß die quadratische Form in $\pi, \varkappa$

$$\pi^2 F_{pp} + 2\pi\varkappa F_{pq} + \varkappa^2 F_{qq} \tag{3}$$

positiv definit ist, wenn in ihren Koeffizienten, den zweiten Ableitungen von F nach $p = z_x$, $q = z_y$, für z, z_x und z_y genügend

1) Insbesondere schließt sich die Darstellung der Absätze I—IV an die von Hilbert im W.-S. 1905/06 über die Mechanik diskreter Massen in Göttingen gehaltene Vorlesung an.

wenig von der schließlichen Lösung abweichende Funktionen eingesetzt werden.

II. Zunächst ist klar, daß diesem absoluten Variationsprobleme das folgende mit Nebenbedingungen äquivalent ist:

$$(4)\qquad \iint\limits_{(\Omega)} \{F(p, q, z, x, y) + (z_x - p)\, F_p + (z_y - q)\, F_q\}\, d\omega = \text{Min.},$$

während

$$p - z_x = 0, \quad q - z_y = 0;$$

dabei sind die drei Funktionen p, q, z von x und y gesucht; die Werte von z, aber nicht die von p und q, sind auf dem Rande gegeben.

III. Nach dieser trivialen Umformung nehme ich eine wesentlichere vor; ich behaupte, daß ich, auch wenn ich in (4) die beiden Nebenbedingungen fortlasse, wieder zu der Differentialgleichung (2) gelange, nur daß das Integral (4) kein Minimum, sondern ein Maximo-Minimum hat in dem sogleich zu beschreibenden Sinne:

$$(5)\qquad \iint\limits_{(\Omega)} \{F(p, q) + (z_x - p)\, F_p + (z_y - q)\, F_q\}\, d\omega = \text{Max.-Min.}$$

Ich denke mir für z eine bestimmte, genügend wenig von der schließlichen Lösung abweichende Funktion von x, y eingesetzt und frage nach denjenigen Funktionen p, q, die das Integral zum Maximum machen; dabei dürfen die Werte von p, q am Rande nicht vorgeschrieben werden, weil unter dem Integralzeichen die Ableitungen von p, q nicht vorkommen.

Bezeichnet man nach der Wahl von $z(x, y)$ den Ausdruck unter dem Integral mit F^*, so hat man für p, q die notwendigen Bedingungen:

$$(6)\qquad \begin{aligned} F^*_p &= (z_x - p)\, F_{pp} + (z_y - q)\, F_{pq} = 0 \\ F^*_q &= (z_x - p)\, F_{pq} + (z_y - q)\, F_{qq} = 0. \end{aligned}$$

Wegen (3) verschwindet die Determinante dieses linearen Gleichungsystems nicht, es folgt also:

$$z_x = p, \quad z_y = q.$$

Daß tatsächlich ein Maximum statt hat, wenn p und q derart durch die willkürlich angenommene Funktion z bestimmt werden, erkennt man leicht so: Das Integral wird jedenfalls ein Maximum haben, wenn der Integrand F^* bei festgehaltenen x, y als Funktion von p und q ein Maximum hat; das aber ist der Fall, denn die Bedingung dafür lautet

$$\varkappa^2 F^*_{pp} + 2\pi\varkappa F^*_{pq} + \varkappa^2 F^*_{qq} < 0,$$

und wenn man (6) beachtet und $z_x = p$, $z_y = q$ setzt, sieht man, daß dies in

$$-\pi^2 F_{pp} - 2\pi\varkappa F_{pq} - \varkappa^2 F_{qq} < 0$$

übergeht, was wegen (3) erfüllt ist.

Jetzt frage ich, wie die Funktion z zu wählen ist, damit das Integral unter den eben bestimmten Maximalwerten den kleinsten annimmt. Da ich jetzt die Nebenbedingungen

$$p = z_x, \quad q = z_y$$

hinzufügen kann, so ist das Problem mit dem vorher behandelten (4) identisch; das Minimum ist also vorhanden und wird durch die Lösung des ursprünglichen Variationsproblems dargestellt.

Damit ist die Behauptung erwiesen.

IV. Jetzt nehme ich eine geringe Umformung des Problems vor, indem ich statt p, q als unbekannte Funktionen

$$\pi = F_p, \quad \varkappa = F_q \tag{7}$$

einführe; hieraus kann man wegen (3) p, q durch $\pi, \varkappa$ ausdrücken. Ferner setze ich

$$H = F - p F_p - q F_q = H(\pi, \varkappa, z, x, y). \tag{7'}$$

Dann geht das Variationsproblem (5) in das folgende über:

$$\iint\limits_{(\Omega)} \{ H(\pi, \varkappa, z, x, y) + z_x \cdot \pi + z_y \cdot \varkappa \} \, d\omega = \text{Max.-Min.} \tag{8}$$

Hier sind $\pi, \varkappa, z$ als Funktionen von x und y so zu bestimmen, daß π und $\varkappa$ bei festem z das Integral zum Maximum machen, worauf dann z so zu wählen ist, daß das Integral den kleinsten der Maximalwerte annimmt. Die Lagrangeschen Gleichungen dieses Problems, die der Gleichung (2) des ursprünglichen völlig äquivalent sind, lauten:

$$\begin{aligned} \pi_x + \varkappa_y - H_z &= 0 \\ z_x + H_\pi &= 0 \\ z_y + H_\varkappa &= 0. \end{aligned} \tag{9}$$

Sie sind der Form nach ganz analog zu den **Hamiltonschen kanonischen Gleichungen** im Falle einer unabhängigen Variabeln, wie sie in der Mechanik gebräuchlich sind. Dagegen weichen sie insofern von diesem Typus ab, als die Größe H nicht die Energie bedeutet, wenn das Variationsproblem (1) das Hamiltonsche Prinzip eines kontinuierlichen Massensystems darstellt.

V. Um auch hierin Übereinstimmung mit der Punktmechanik zu erreichen, ist es notwendig, eine der beiden unabhängigen Variabeln — die Zeit — auszuzeichnen. Zu dem Zwecke verfahre ich so:

Zunächst ist klar, daß das Variationsproblem (1) dem folgenden äquivalent ist:

$$\iint_{(\Omega)} \{F(p, z_y, z, x, y) + (z_x - p) F_p\} \, d\omega = \text{Max.-Min.}; \tag{10}$$

dabei sind $p(x, y)$ und $z(x, y)$ die gesuchten Funktionen, und das Maximo-Minimum ist analog zu verstehen, wie unter III. geschildert.

Ich substituiere durch die Gleichungen

$$\begin{aligned} \pi &= F_p \\ E &= F - p F_p \end{aligned} \tag{11}$$

für F die Funktion E, die ich, indem ich p durch π ausdrücke, als Funktion von π, z_y, z, x, y ansehe. Dann geht das Variationsproblem (10) über in:

$$\iint_{(\Omega)} \{E(\pi, z_y, z, x, y) + z_x \cdot \pi\} \, d\omega = \text{Max.-Min.}, \tag{12}$$

und die Lagrangeschen Gleichungen lauten:

$$\begin{aligned} \pi_x + \frac{\partial}{\partial y} E_{z_y} - E_z &= 0 \\ z_x + E_\pi &= 0. \end{aligned} \tag{13}$$

Daraus sind π und als Funktionen von x und y zu bestimmen.

VI. Hier hat man das Recht, E als Energie oder richtiger als Energiedichte zu bezeichnen. Fassen wir nämlich (1) als Hamiltonsches Prinzip eines kontinuierlichen Massensystems auf, so wird

$$F = \frac{\mu}{2} z_x^2 - V(z_y, z, y) \tag{14}$$

zu setzen sein, wo μ die Massendichte, V die Dichte der potentiellen Energie, die wir der Einfachheit halber unabhängig von der Zeit x und der zeitlichen Ableitung z_x annehmen wollen, bedeuten.

Aus (11) berechnen wir:

$$E = -\left(\frac{\mu}{2} z_x^2 + V(z_y, z, y)\right) = -\left(\frac{\pi^2}{2\mu} + V\right), \tag{14'}$$

d. h. E ist die negative Dichte der Gesamtenergie.

In der Punktmechanik kann man den Satz von der Erhaltung der Energie ohne weiteres aus dem Hamiltonschen kanonischen Gleichungen ablesen; es zeigt sich dabei, daß derselbe von den speziellen mechanischen Voraussetzungen nur die eine benützt, daß der Ausdruck der Energie von der Zeit unabhängig ist. Ganz denselben Vorteil gewähren hier die Gleichungen (13).

Ich übernehme von dem mechanischen Ausdruck (14') nur die Eigenschaft, daß E explizite von x frei ist. Dann ist:

$$\frac{\partial E}{\partial x} = E_z z_x + E_\pi \pi_x + E_{z_y} z_{yx},$$

und das wird bei Benützung der Gleichungen (13):

$$\frac{\partial E}{\partial x} = \pi_x z_x + \frac{\partial E_{z_y}}{\partial y} z_x - z_x \pi_x + E_{z_y} z_{yx}$$
$$= \frac{\partial}{\partial y}(z_x \,.\, E_{z_y}).$$

Diese Gleichung integriere ich nach y zwischen den Grenzen y_1, y_2, wo y_1, y_2 bezw. die beiden Randpunkte des Gebietes Ω bedeuten, wo die Parallele zur y-Axe im Abstand x den Rand S von Ω trifft. (Gibt es mehr als zwei Treffpunkte, so ist eine entsprechende Modifikation anzubringen). Dann ergibt sich:

$$\int_{y_1}^{y_2} \frac{\partial E}{\partial x}\, dy = \Big[z_x E_{z_y}\Big]_{y_1}^{y_2} \tag{15}$$

Das ist der Energiesatz; es tritt das deutlicher hervor, wenn wir die in der Mechanik stets erfüllte Voraussetzung machen, daß das Gebiet Ω ein nach den Axen orientiertes Rechteck ist, so daß ein Doppelintegral über Ω einfach ein doppeltes Integral nach x und y zwischen festen Grenzen a_1, a_2 bezw. b_1, b_2 ist. Dann geht (15) über in:

$$\frac{d}{dx}\int_{b_1}^{b_2} E\, dy = \Big[z_x E_{z_y}\Big]_{b_1}^{b_2}. \tag{15'}$$

Diese Gleichung drückt die zeitliche Änderung der Energ des Systems durch die von außen geleistete Arbeit aus; z_x

nämlich eine Geschwindigkeit, E_{z_y} eine Größe, die den Streßkomponenten der Elastizitätstheorie analog ist, beides genommen an der Grenze des Körpers.

Ich will hier bemerken, daß sich der Vorteil dieser Darstellung eigentlich erst zeigt, wenn man sie auf die allgemeine Elastizitätstheorie anwendet.

VII. Ganz dieselben Überlegungen gelten, wenn mehr als eine unabhängige Variable vorhanden ist; auch die Übertragung auf den Fall von mehr als zwei unabhängigen Variabeln ist ohne Schwierigkeit.

Sind Nebenbedingungen der Form:

$$G(z_x, z_y, z, x, y) = 0$$

vorhanden, so ist der Ausdruck F einfach durch

$$F^* = F + \lambda G$$

zu ersetzen, wo $\lambda = \lambda(x, y)$ ein Lagrangescher Faktor ist.

Eine wesentliche Verallgemeinerung ist die, daß an die Stelle des Variationsproblems (1) ein solches tritt, wo die Summe zweier Integrale zum Minimum zu machen ist, von denen das eine über das Innere von Ω, das andere über einen Teil S_1 des Randes S zu erstrecken ist [1]):

(16) $$\iint\limits_{(\Omega)} F(z_x, z_y, z, x, y)\, d\omega + \int\limits_{(S_1)} f(z_n, z, \sigma)\, d\sigma = \text{Min.}$$

Dann kann man auf beide Teile für sich die in V. geschilderten Umformungen anwenden. Man bekommt im Innern von Ω für z die Differentialgleichung (2) oder unter Heranziehung der Hilfsfunktion $\varkappa$ das äquivalente System (13). Auf dem Randstücke S_1 aber, das durch die Gleichungen

$$x = x(\sigma), \quad y = y(\sigma)$$

dargestellt sein möge, gelten die Relationen:

(17) $$\begin{aligned} \varkappa y_n - E_{z_x} x_n - (\varkappa_n - e_z) &= 0 \\ z_n + e_\varkappa &= 0, \end{aligned}$$

wo e und $\varkappa$ analog wie E und $\varkappa$ definiert sind durch:

(17′) $$\begin{aligned} \varkappa &= f_p \qquad (\bar p = z_n) \\ e &= f - p f_p. \end{aligned}$$

1) Vergl. Hilbert, Zur Variationsrechnung. Gött. Nachr. 1905

Daraus ergibt sich ebenso einfach wie in VI der Energiesatz; ich will ihn nur für den Fall aussprechen, wo das Gebiet Ω ein Rechteck und S_1 die Seite $y = b_1$ desselben ist; er lautet dann:

$$\frac{d}{dt}\left\{\int_{b_1}^{b_2} E\,dy + e\right\} = (z_x \,.\, E_{z_y})_{y=b_2}. \tag{18}$$

VIII. Nach diesen Vorbereitungen ergibt sich der Energiesatz für die elastische Linie in allen den Fällen, für die ich die Stabilitätsfrage behandelt habe, ohne jede Rechnung.

In den Fällen des § 1 bis § 8, die sich nur durch die Randbedingungen unterscheiden, lautet das Hamiltonsche Prinzip:

$$\int_0^{\tau}\int_0^{l}\left\{\frac{\mu}{2}(x_t^2+y_t^2)-\frac{A}{2}\vartheta_s^2\right\}ds\,dt = \text{Min.},$$

während die Nebenbedingungen

$$x_s = \cos\vartheta, \quad y_s = \sin\vartheta$$

bestehen.

Hier hat man drei unbekannte Funktionen x, y, ϑ der beiden unabhängigen Variabeln s und t, statt wie bisher eine Funktion z der beiden Veriabeln x, y. Die Bewegungsgleichungen stelle ich nicht erst auf, sondern bilde, nachdem ich

$$F^* = \frac{\mu}{2}(x_t^2+y_t^2)-\frac{A}{2}\vartheta_s^2+\lambda(x_s-\cos\vartheta)+\mu(y_s-\sin\vartheta)$$

gesetzt habe, den Ausdruck E; in diesem kann ich die mit λ und μ multiplizierten Glieder auch wieder weglassen, weil ja für die eintretende Bewegung die beiden Nebenbedingungen gelten. Also ist:

$$E = -\frac{\mu}{2}(x_t^2+y_t^2)-\frac{A}{2}\vartheta_s^2.$$

Dieser Ausdruck erfüllt die Voraussetzung, daß t nicht explizite vorkommt; also gilt der Energiesatz:

$$\frac{d}{dt}\int_0^l E\,ds = \Big[-A\,\vartheta_t\,\vartheta_s\Big]_0^l$$

In den Fällen der §§ 3—6, wo beide Drahtenden feste Richtung haben, ist für $s = 0$ und $s = l$ $\vartheta_t = 0$. In den andern Fällen § 7, 8 ist immer an dem festgeklemmten Drahtende $\vartheta_t = 0$; an dem andern gilt die Randbedingung, die [illegible] dur[illegible] Nu[illegible]tzen des Integranden des Unabhängigkeits[illegible]

leicht, daß diese Bedingung bei dem hier vorliegenden dynamischen Probleme aus der für das entsprechende statische Problem geltenden dadurch hervorgeht, daß man statt der totalen partielle Ableitungen nach schreibt. Man hat also in allen Fällen am freien Ende $\vartheta_s = 0$, identisch in t. Demnach ist durchweg die rechte Seite der Energiegleichung 0 und es gilt der Satz von der Erhaltung der Energie:

$$\int_0^l E\,ds = \text{konst.}$$

Das räumliche Problem des § 12 erledigt sich genau ebenso.

IX. In den Fällen der §§ 9—11 und 13 muß man die unter VII angegebene allgemeine Form des Energiesatzes heranziehen. Ich will den ebenen Fall ausführlich behandeln, wo der starre Körper mit dem Drahtende fest verbunden ist und sein Schwerpunkt mit diesem zusammenfällt.

Da ich bei der Stabilitätsuntersuchung den Draht als gewichtlos angenommen habe, so will ich auch hier seine Massendichte gleich 0 setzen; (ohne diese Vereinfachung werden die Ausdrücke nur etwas länger). Die kinetische Energie des Drahtes ist demnach

$$T_D = 0,$$

während seine potentielle Energie den Ausdruck

$$U_D = \int_0^l \frac{A}{2}\,\vartheta_s^2\,ds$$

hat.

Bezeichnet man die Masse des (ebenen) starren Körpers mit m, sein Trägheitsmoment um den Schwerpunkt mit M, so ist seine kinetische Energie

$$T_K = \left[\frac{m}{2}(x_t^2 + y_t^2) + \frac{M}{2}\,\vartheta_t^2\right]_{s=0},$$

und seine potentielle:

$$U_K = [g \,.\, m \,.\, x]_{s=0},$$

wo g die Beschleunigung der Schwere bedeutet.

Das Hamiltonsche Prinzip liefert das Variationsproblem:

$$\int_0^\tau \{T_D + T_K - U_D - U_K\}\,dt = \text{Min.},$$

während

$$x_s = \cos\vartheta, \quad y_s = \sin\vartheta.$$

Setzen wir

$$F^* = -\frac{A}{2}\vartheta_s^2 + \lambda(x_s - \cos\vartheta) + \mu(y_s - \sin\vartheta)$$

$$f = \left[\frac{m}{2}(x_t^2 + y_t^2) + \frac{M}{2}\vartheta_t^2 - gmx\right]_{s=0},$$

so haben wir ein Variationsproblem der Form

$$\int_0^\tau \int_0^l F^* ds\, dt + \int_0^\tau f\, dt = \text{Min.}$$

Das Integrationsgebiet Ω ist das Rechteck mit den Seiten

$$s = 0, \quad s = l, \quad t = 0, \quad t = \tau,$$

und das zweite Integral ist über die Seite $s = 0$ zu erstrecken.

Setzen wir:

$$E = -\frac{A}{2}\vartheta_s^2$$

$$e = -\left[\frac{m}{2}(x_t^2 + y_t^2) + \frac{M}{2}\vartheta_t^2 + gmx\right]_{s=0},$$

so ist $-E$ die Energiedichte des Drahtes, $-e$ die Energie des Körpers, und wir bekommen nach (18) den Energiesatz in der Form:

$$\frac{d}{dt}\left\{\int_0^l E\, ds + e\right\} = [-A\,\vartheta_t\,\vartheta_s]_{s=l}.$$

Da am festgeklemmten Drahtende $s = l$ $\vartheta_t = 0$ ist, folgt:

$$\int_0^l E\, ds + e = \text{konst.},$$

d. h. die Gesamtenergie des Drahtes und des starren Körpers ist konstant.

Die allgemeineren ebenen und räumlichen Fälle erledigen sich ganz genau so, weil die kinetische Energie des starren Körpers immer eine quadratische Form der Geschwindigkeitskoordinaten des freien Drahtendes (in der Ebene $[x_t, y_t, \vartheta_t]_{s=0}$, im Raume $[x_t, y_t, z_t, \varphi_t, \psi_t, \vartheta_t]_{s=0}$) ist.

X. In dem ich kinetische und potentielle Energie trenne, schreibe ich den Satz von der Konstanz der Energie so:

$$U + T = h.$$

Ich beweise, daß eine Gleichgewichtslage, in der die potentielle Energie U ein Minimum ist, stabil ist, d. h.

Stabilitätskriterium richtig ist; dabei ließ sich U in allen unseren Fällen als ein über den Draht erstrecktes Integral darstellen.

Offenbar kann ich den Minimalwert gleich 0 annehmen.

Ich will die Aufgabe in so weit schematisieren, als ich nur zwei Funktionen $x = x(s)$, $y = y(s)$ gesucht und die Gleichgewichtslage durch $x = \zeta(s)$, $y = \eta(s)$ dargestellt denke.

Wird nun für diese das Integral U ein wirkliches Minimum, so ist für jede, der Kurve $x = \zeta(s)$, $y = \eta(s)$ genügend benachbarte Kurve $x = x(s)$, $y = y(s)$

$$U > 0.$$

Wir definieren nun um die Minimalkurve herum ein Gebiet G durch die Bedingung, daß für jede Kurve dieses Gebietes, die die Randbedingungen erfüllt, die Ungleichungen

$$|x(s) - \xi(s)| \leqq \varepsilon_1, \quad |y(s) - \eta(s)| \leqq \varepsilon_2$$

für alle Werte von s bestehen sollen, wo ε_1, ε_2 beliebig kleine positive Größen sind.

Ferner definieren wir eine Gesamtheit R von Kurven, die nicht mehr ganz in G liegen, sondern mindestens einen Punkt mit der Begrenzung K von G gemein haben; dabei sollen G und R noch jener Nachbarschaft von ξ, η angehören, in der U positiv ist.

Da es für jede Kurve von R mindestens einen Wert s gibt, für den

$$|x(s) - \xi(s)| = \varepsilon_1, \quad |y(s) - \eta(s)| = \varepsilon_2$$

ist, so müssen nach dem Satze von Osgood [1]) die zugehörigen Integralwerte oberhalb einer positiven endlichen Grenze k bleiben, d. h. es ist für alle Kurven in R:

$$U > k.$$

Nun erteilen wir dem System irgend eine Bewegung; die Anfangsgeschwindigkeit können wir so klein wählen, daß die Energiekonstante

$$h < k$$

ausfällt. Dann müssen die Bewegungsfunktionen $x = x(s, t)$, $y = y(s, t)$ für jedes t immer innerhalb des Gebietes G verlaufen;

1) Amer. Trans. 2 (1901), p. 273. Der Satz besagt, daß der Integralwert längs einer Kurve, die einen um ein endliches Stück von der Minimalkurve entfernten Punkt enthält, sich dem Minimalwert nicht beliebig nähern kann.

würde nämlich in irgend einem Moment die Kurve x, y die Grenze K von G erreichen, also R angehören, so würde $U > k$, also erst recht nach dem Energiesatze $U + T = h > k$ sein, was zu einem Widerspruch führt. Mithin ist jede Lage, die das System während der Bewegung zu irgend einer Zeit annehmen kann, der Lage ξ, η beliebig benachbart, diese ist also eine stabile Gleichgewichtslage.

Damit ist das Dirichletsche Stabilitätskriterium bewiesen, als Folge aus dem Hamiltonschen Prinzipe.

Lebenslauf.

Ich, Max Born, jüdischer Religion, wurde am 11. Dezember 1882 als Sohn des Universitätsprofessors Dr. Gustav Born in Breslau geboren. Meine Schulbildung erhielt ich am kgl. König-Wilhelms-Gymnasium zu Breslau, wo ich am 2. März 1901 die Reifeprüfung bestand.

Ich wandte mich dem Studium der Mathematik, Physik und Astronomie zu, dem ich zunächst zwei Semester an der Universität Breslau oblag. Während ich im S.-S. 1902 in Heidelberg, im S.-S. 1903 in Zürich studierte, war ich in den W.-S. 1902/03, 1903/04 wieder in Breslau immatrikuliert. Ostern 1904 kam ich nach Göttingen und blieb dort bis zum Ende meines Studiums.

Ich hörte die Vorlesungen und Übungen der folgenden Herren Professoren und Dozenten:

In Breslau: Baumgartner, Franz, Kükenthal, Ladenburg, London, O. E. Meyer, Neumann, Partsch, Rosanes, Stern, Sturm.

In Heidelberg: Kuno Fischer, Königsberger, Landsberg, Leser.

In Zürich: Burkhard, Hurwitz, Wolfer.

In Göttingen: Carathéodory, Hilbert, Husserl, Klein, Minkowski, Prandtl, Runge, Schwarzschild, Stark, Voigt, Wiechert, Zermelo.

Allen diesen Herren fühle ich mich zu großem Danke verpflichtet. Herrn Geh.-Rat Hilbert und Herrn Prof. Runge schulde ich überdies für die mannigfachen besonderen Anregungen, durch die sie mein Studium gefördert haben, den größten Dank.

Inhalt.

1.

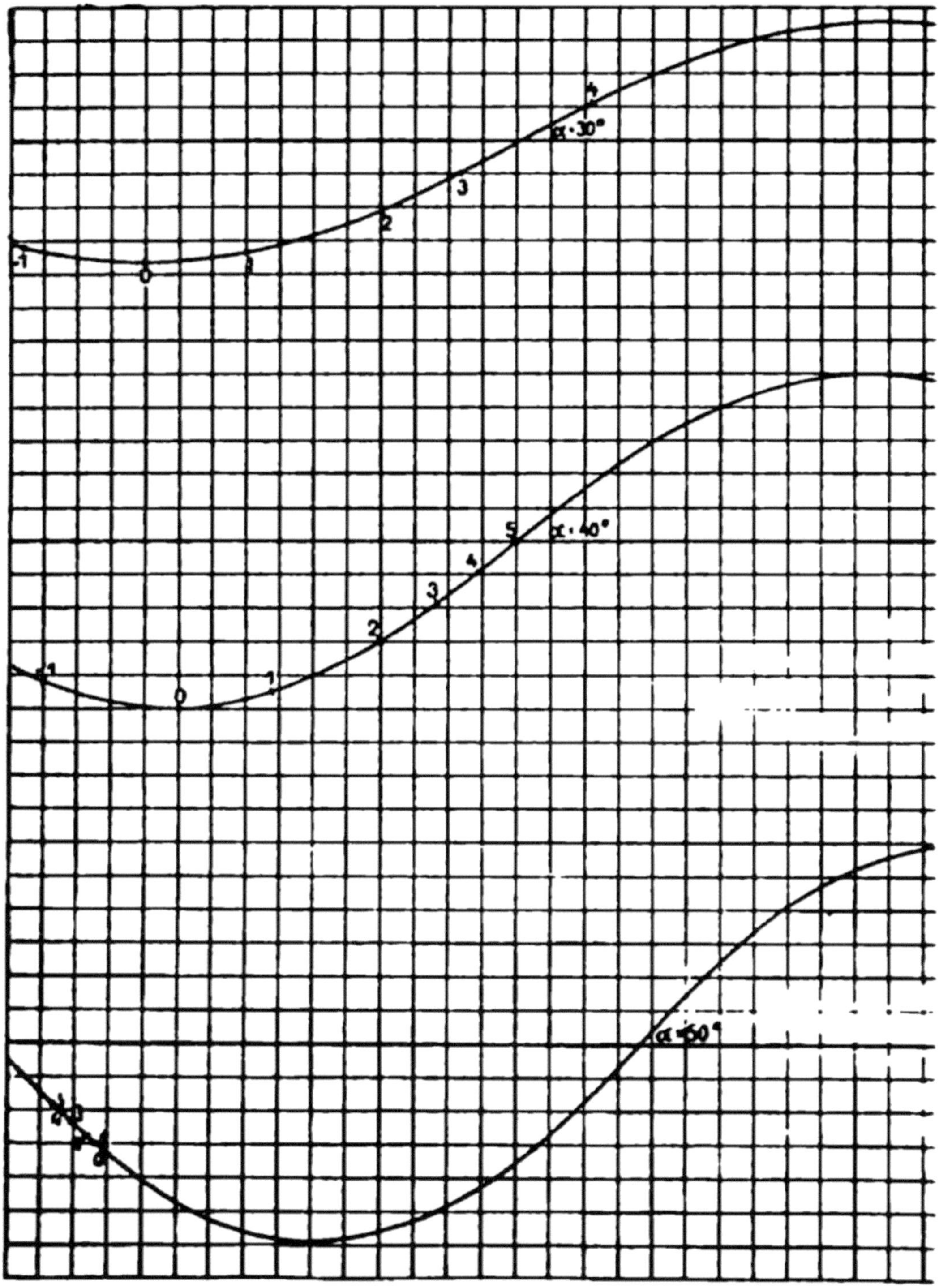

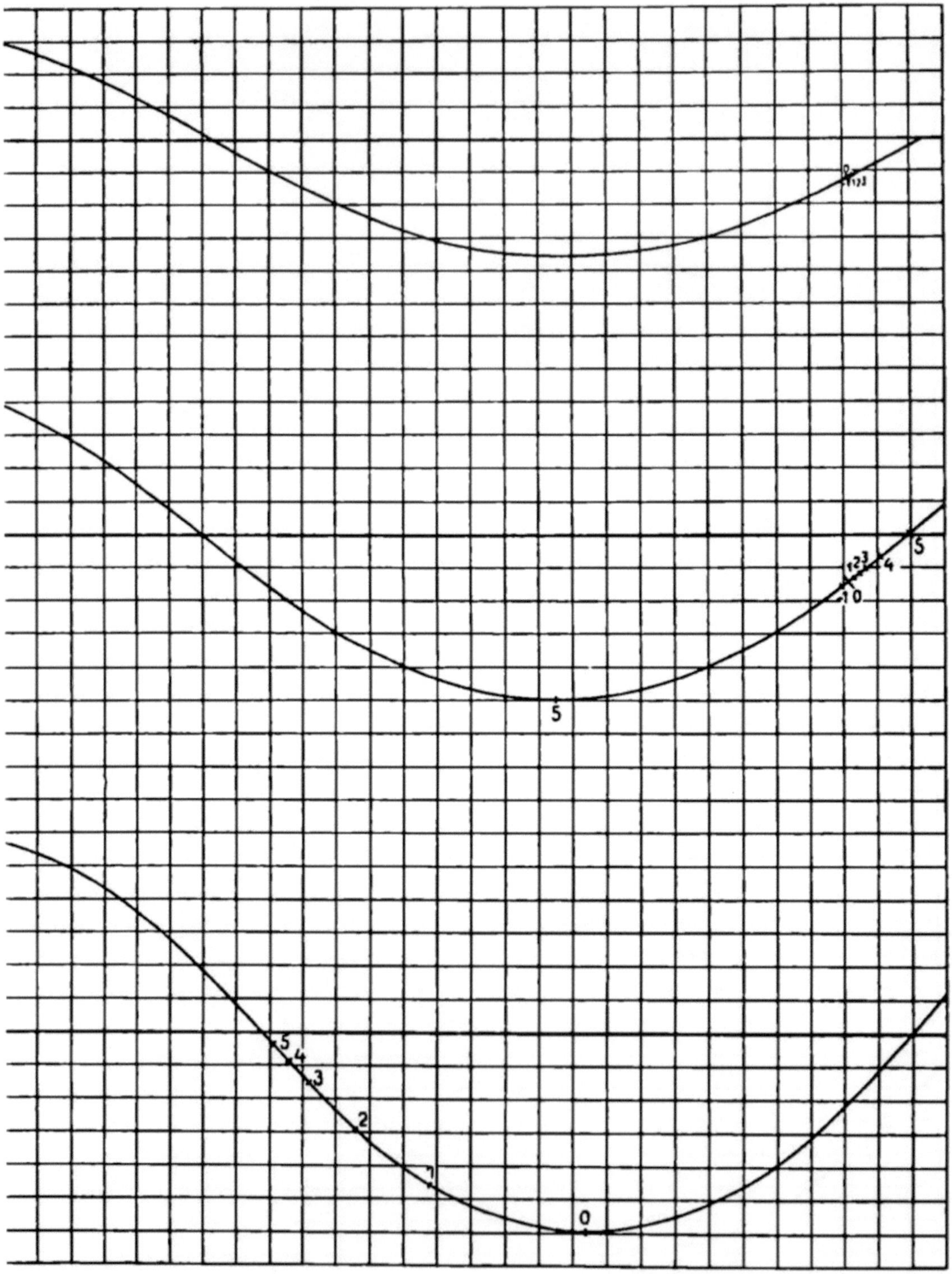
5
4
3
2
1
0
5
4
1 2 3
1 0
5

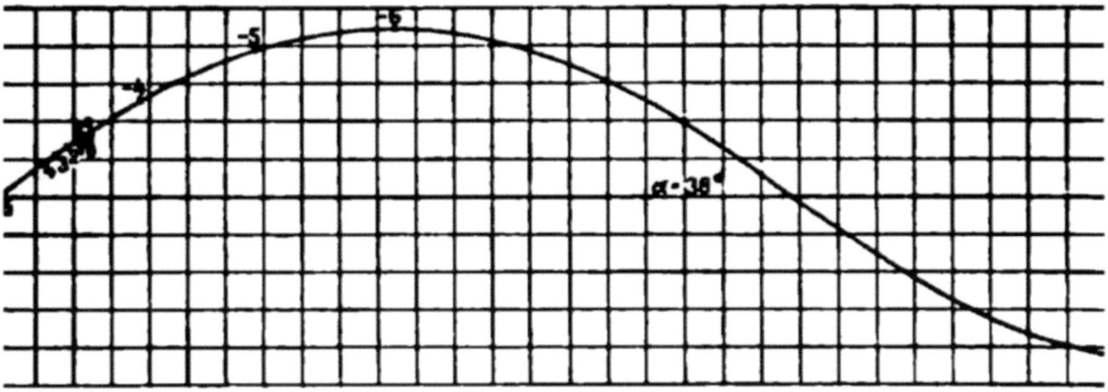
α=38°

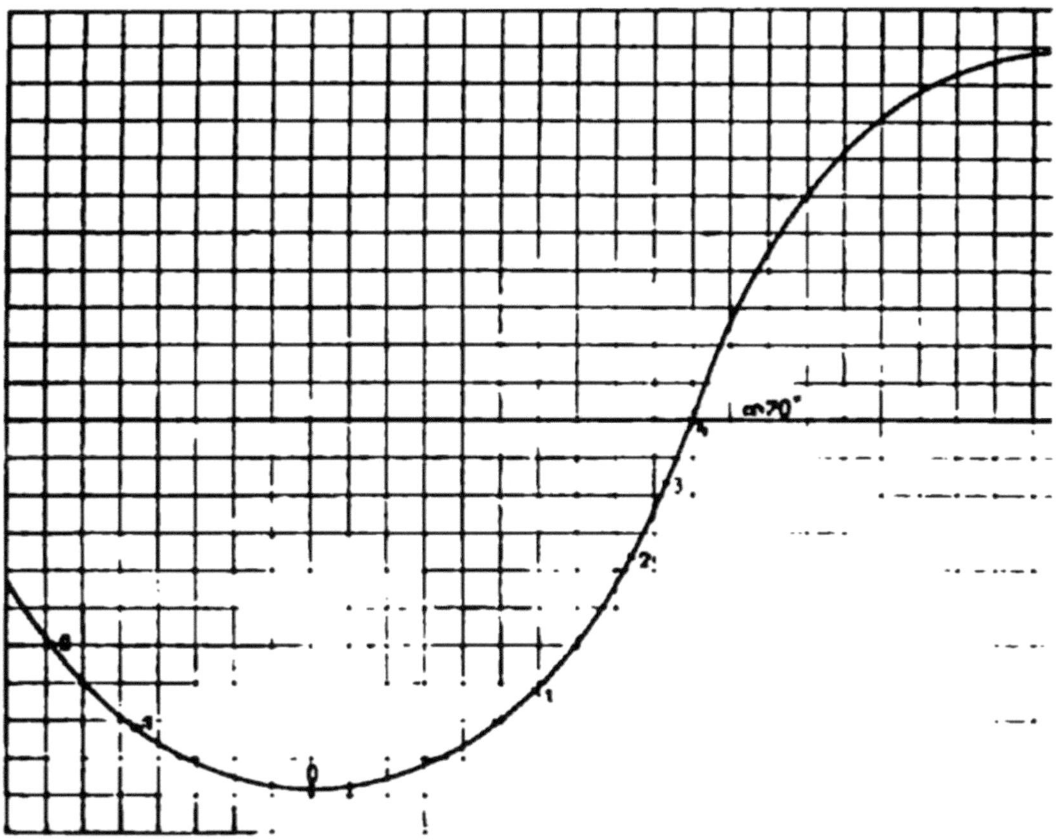
α=70°

2.

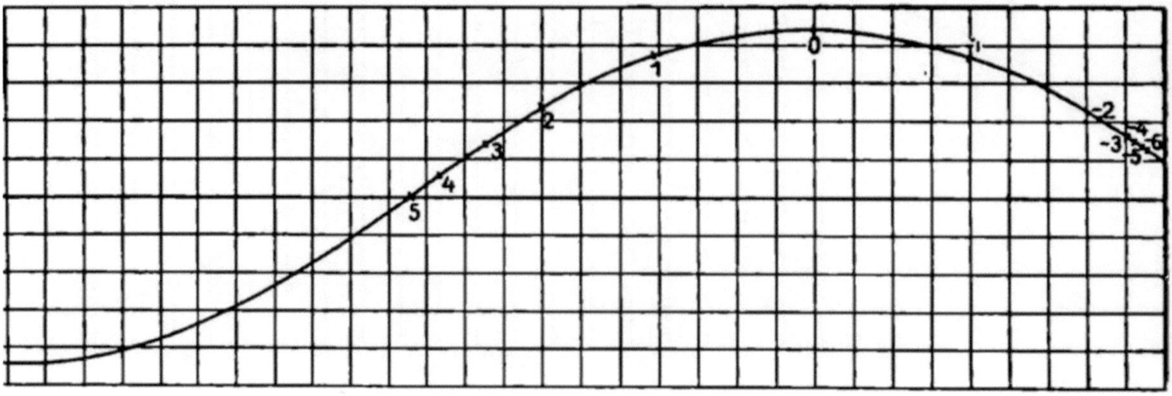

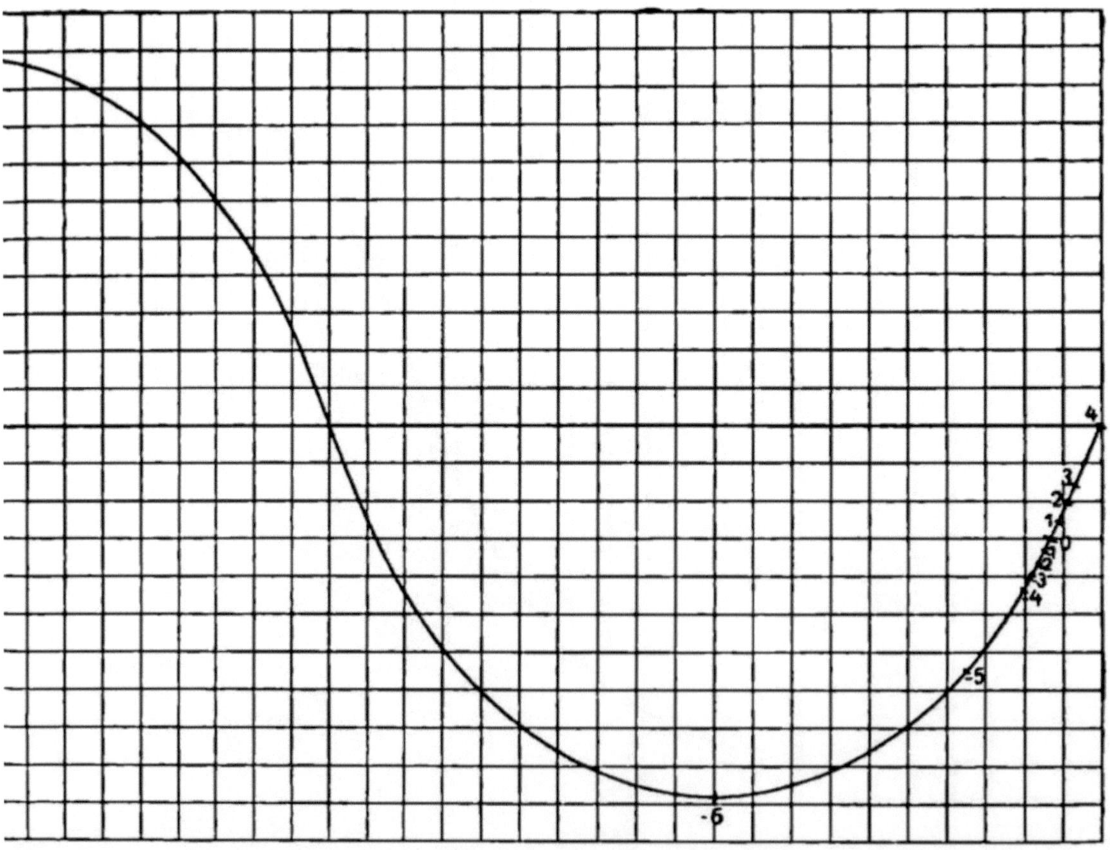

4.

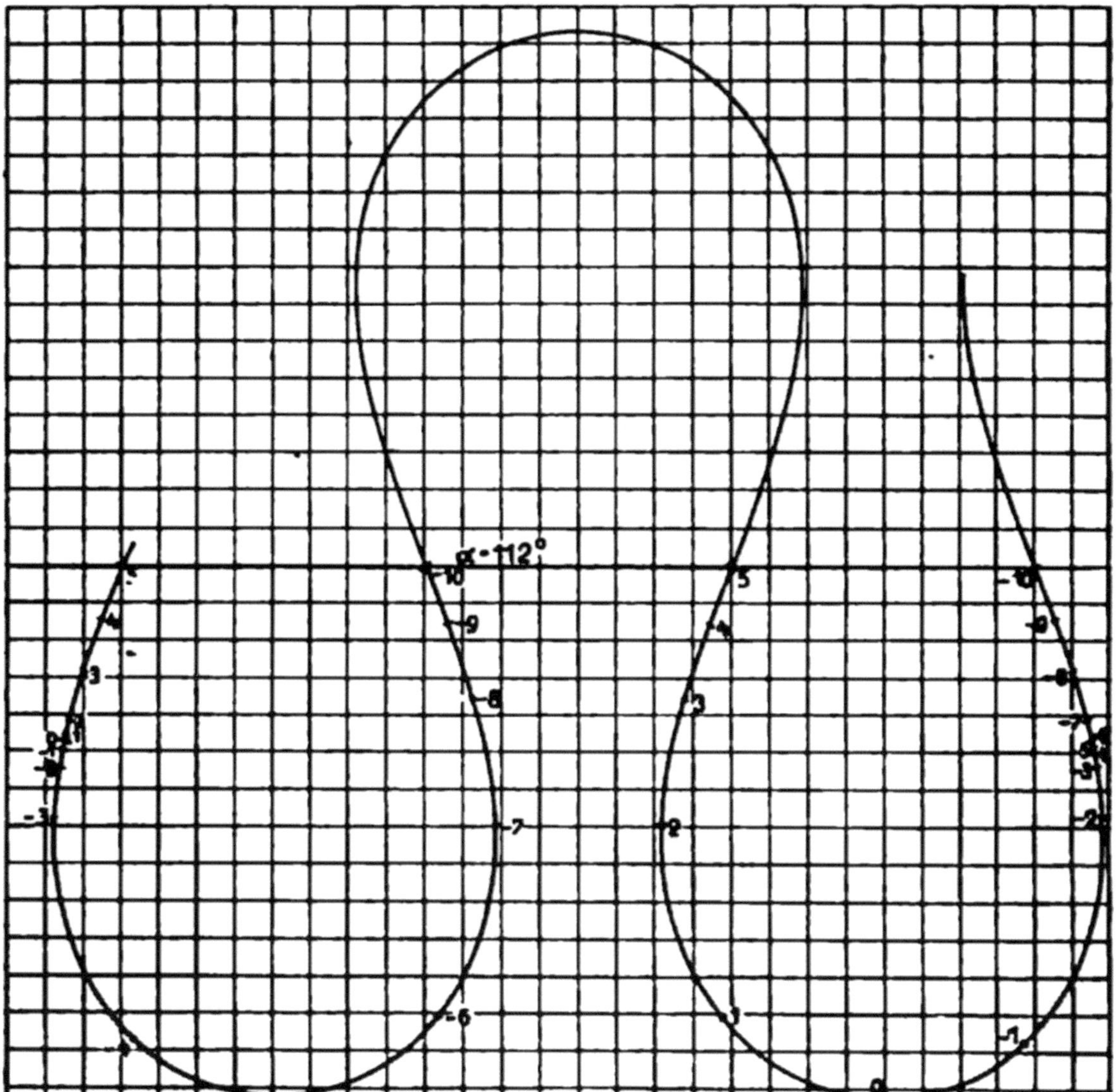

5.

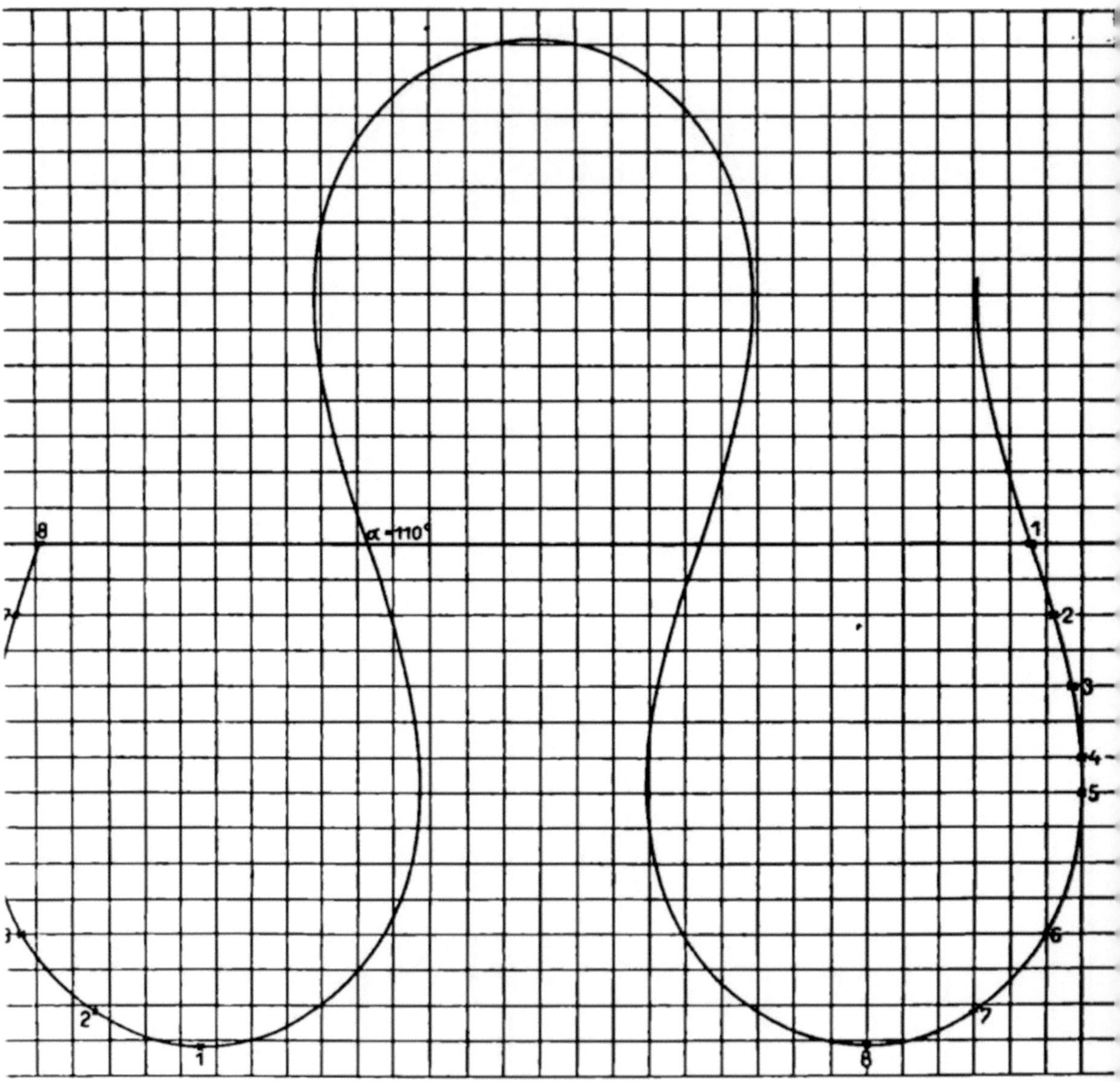

6.

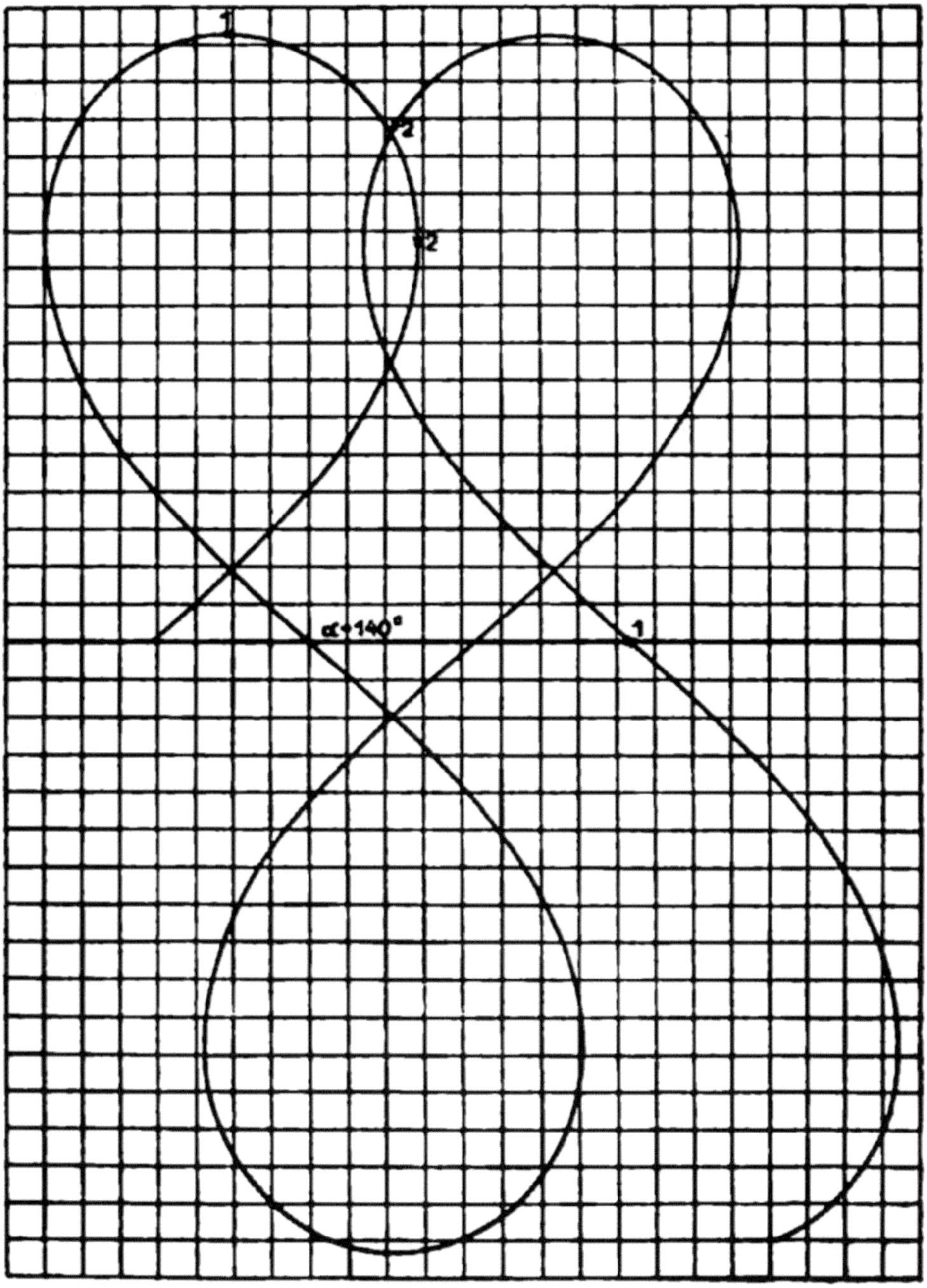

7.

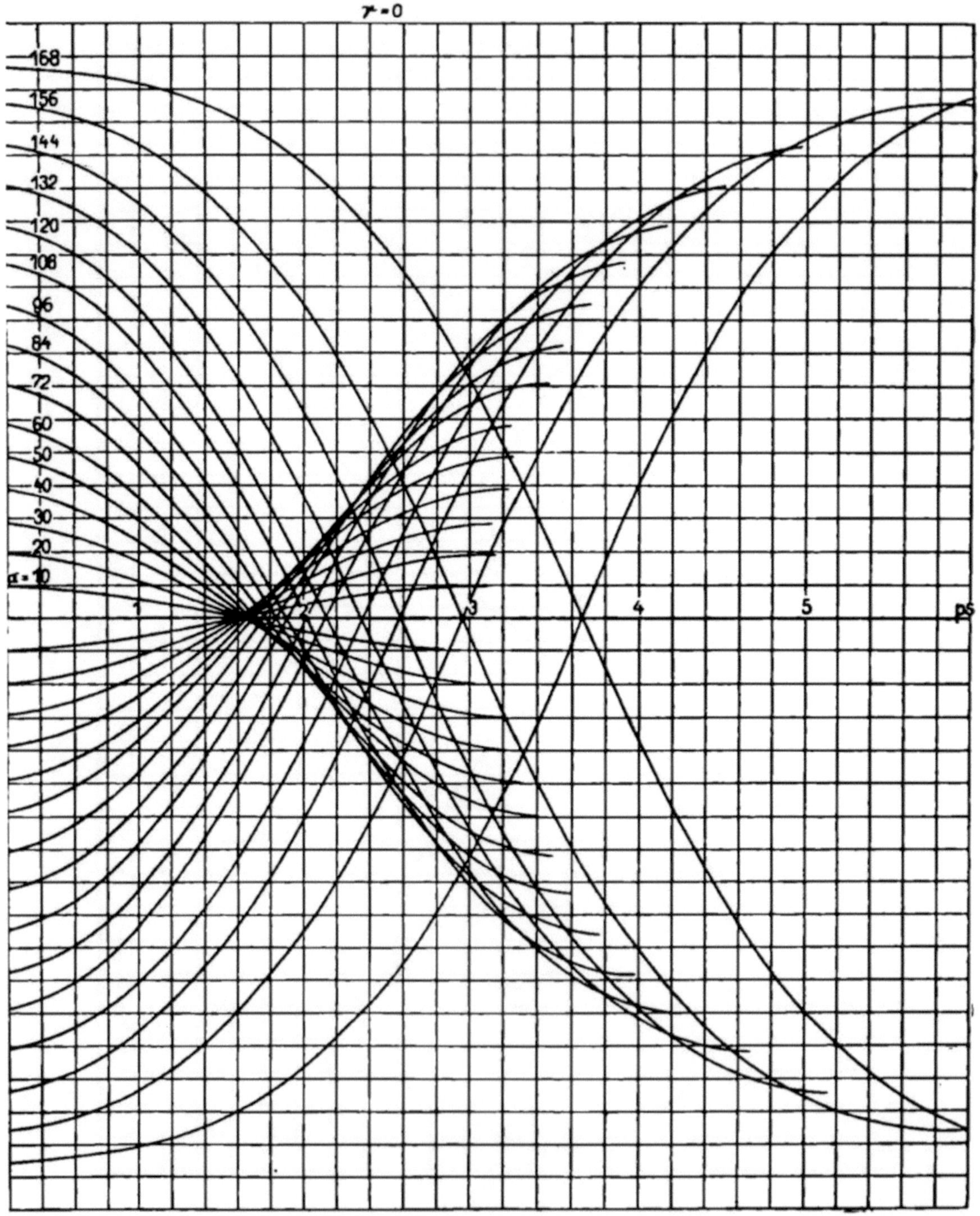

8.

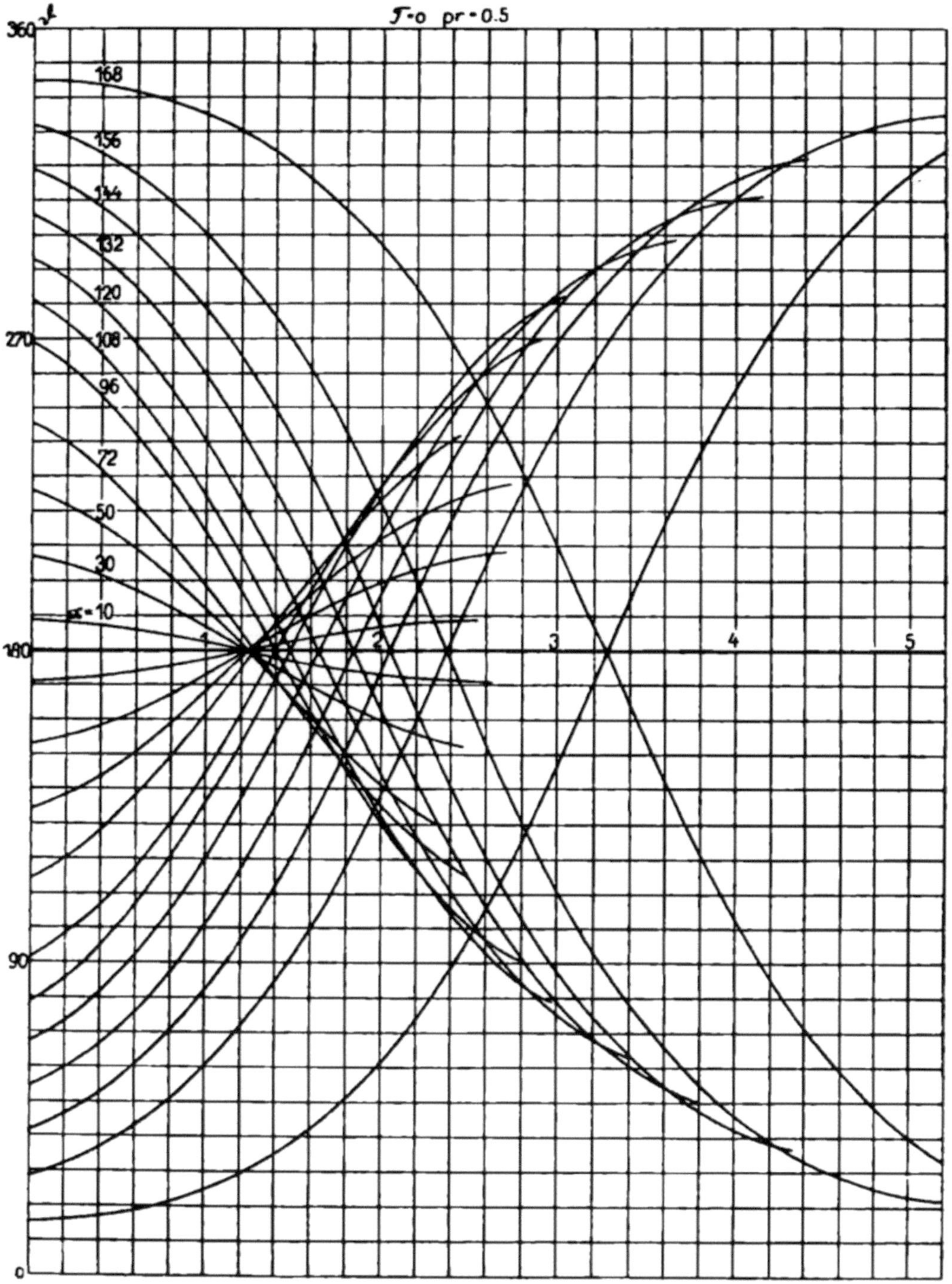

T=0 pr=0.5
360
270
180
90
0
168
156
144
132
120
108
96
72
50
30
x=10
1
2
3
4
5

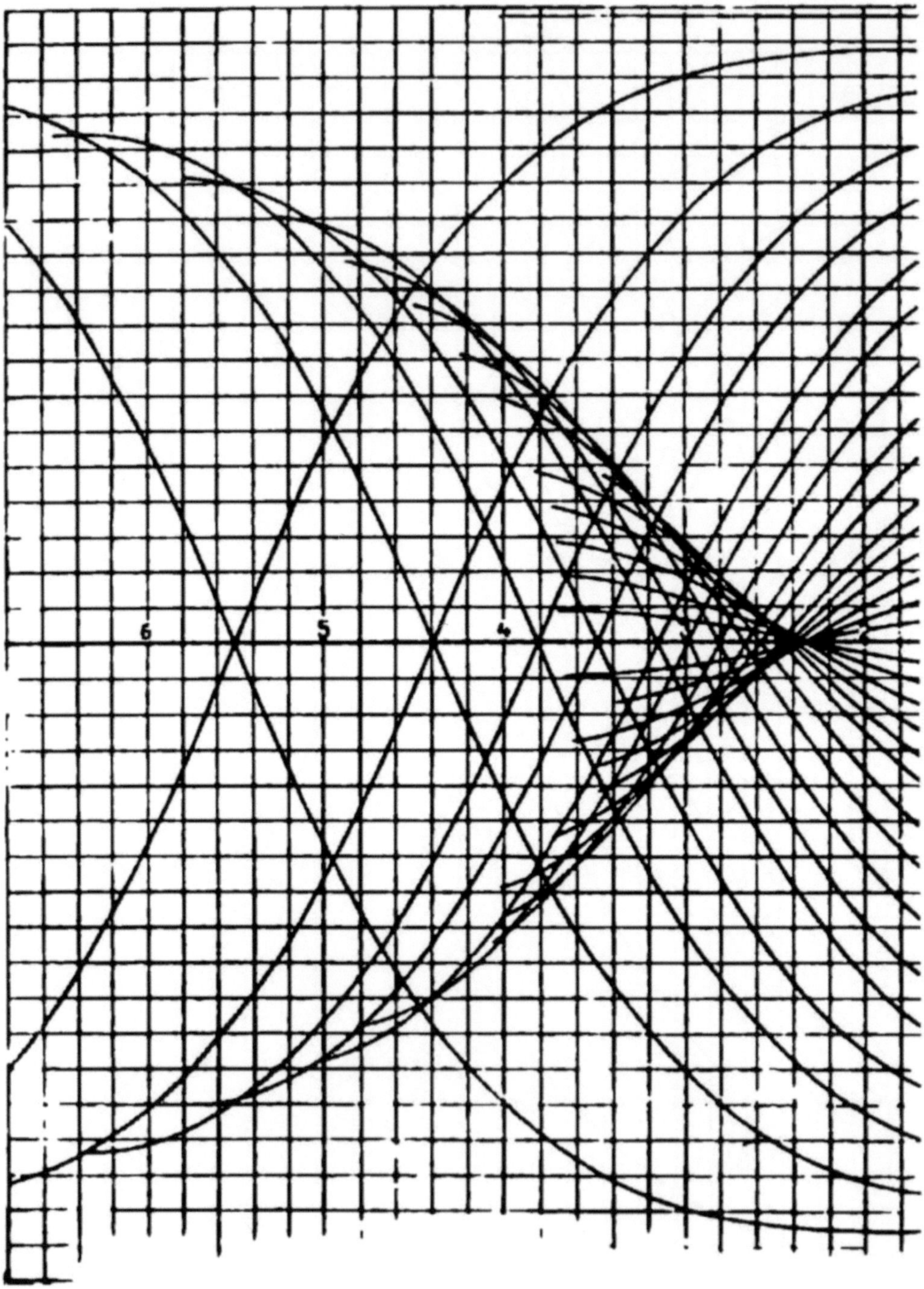

6
5
4

9.

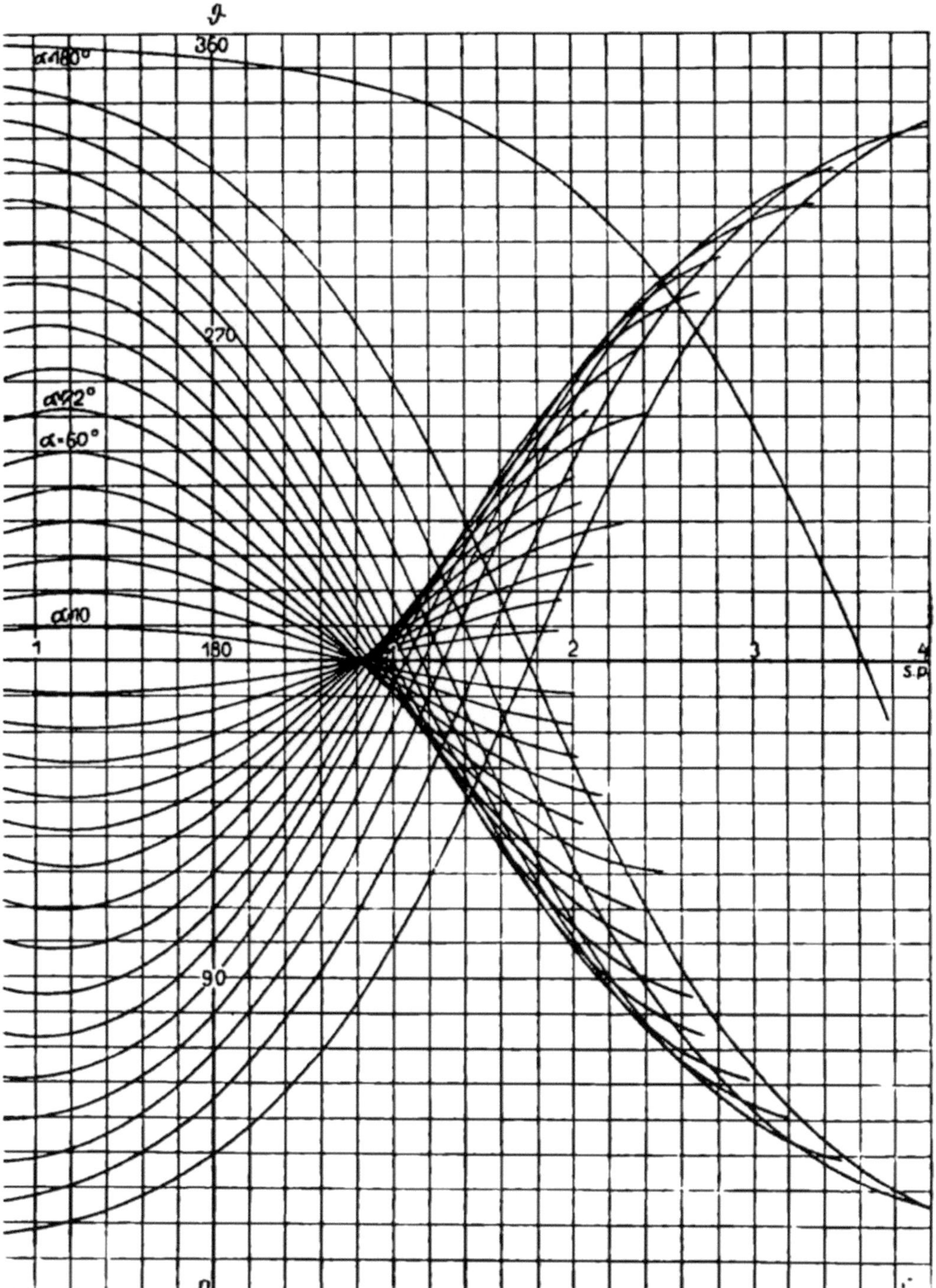

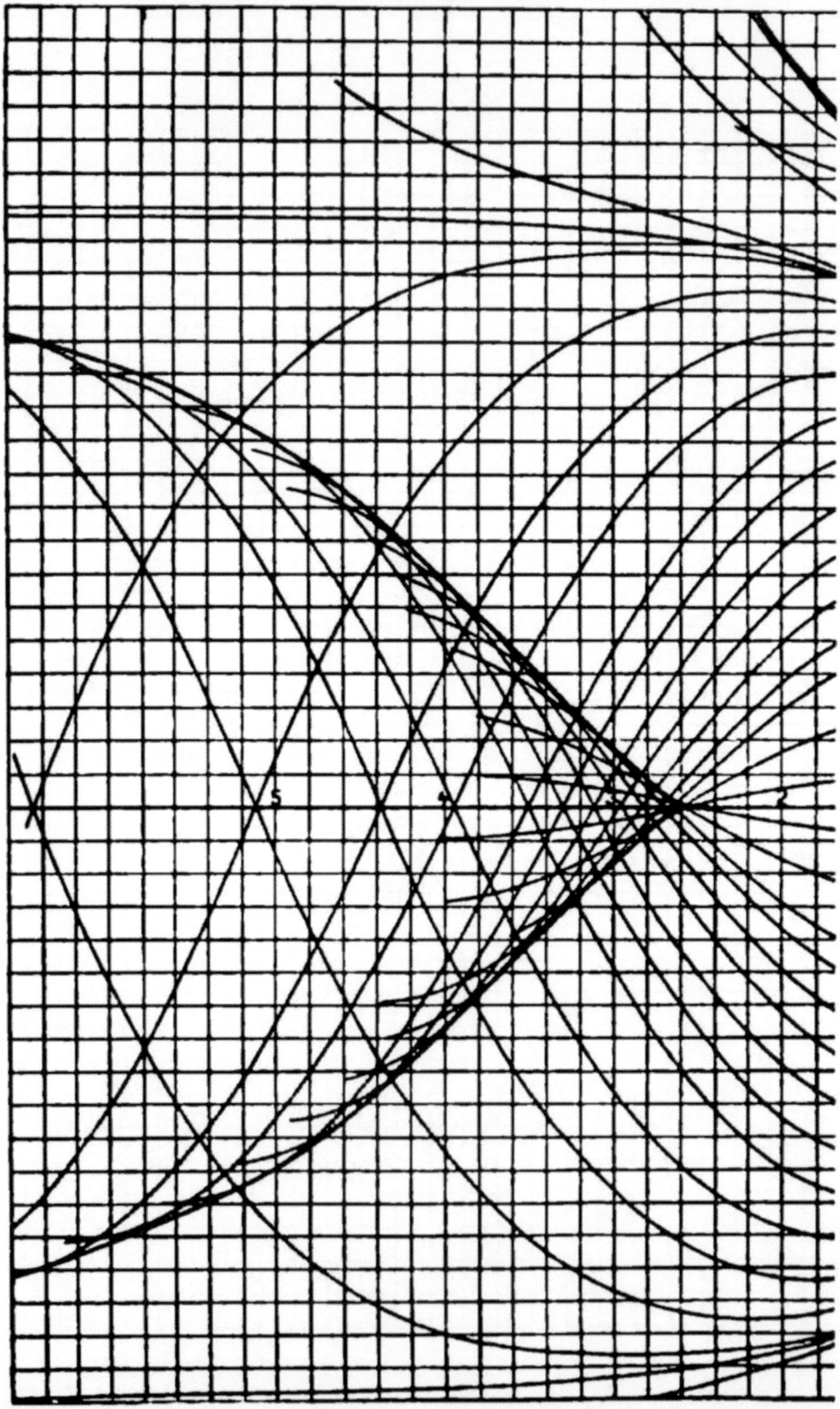

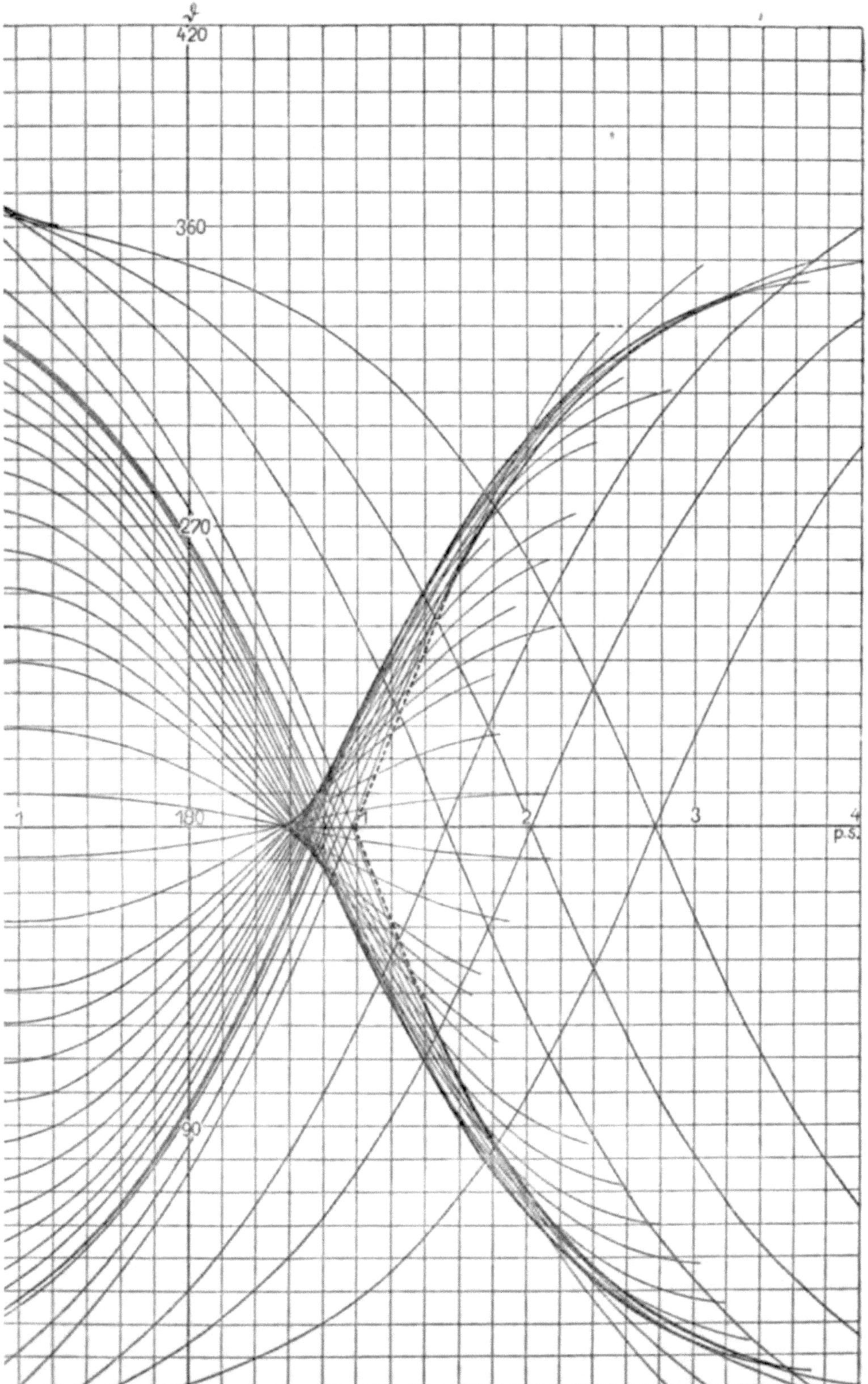

ϑ
420
360
270
180
90
0
1
1
2
3
4
p.s.

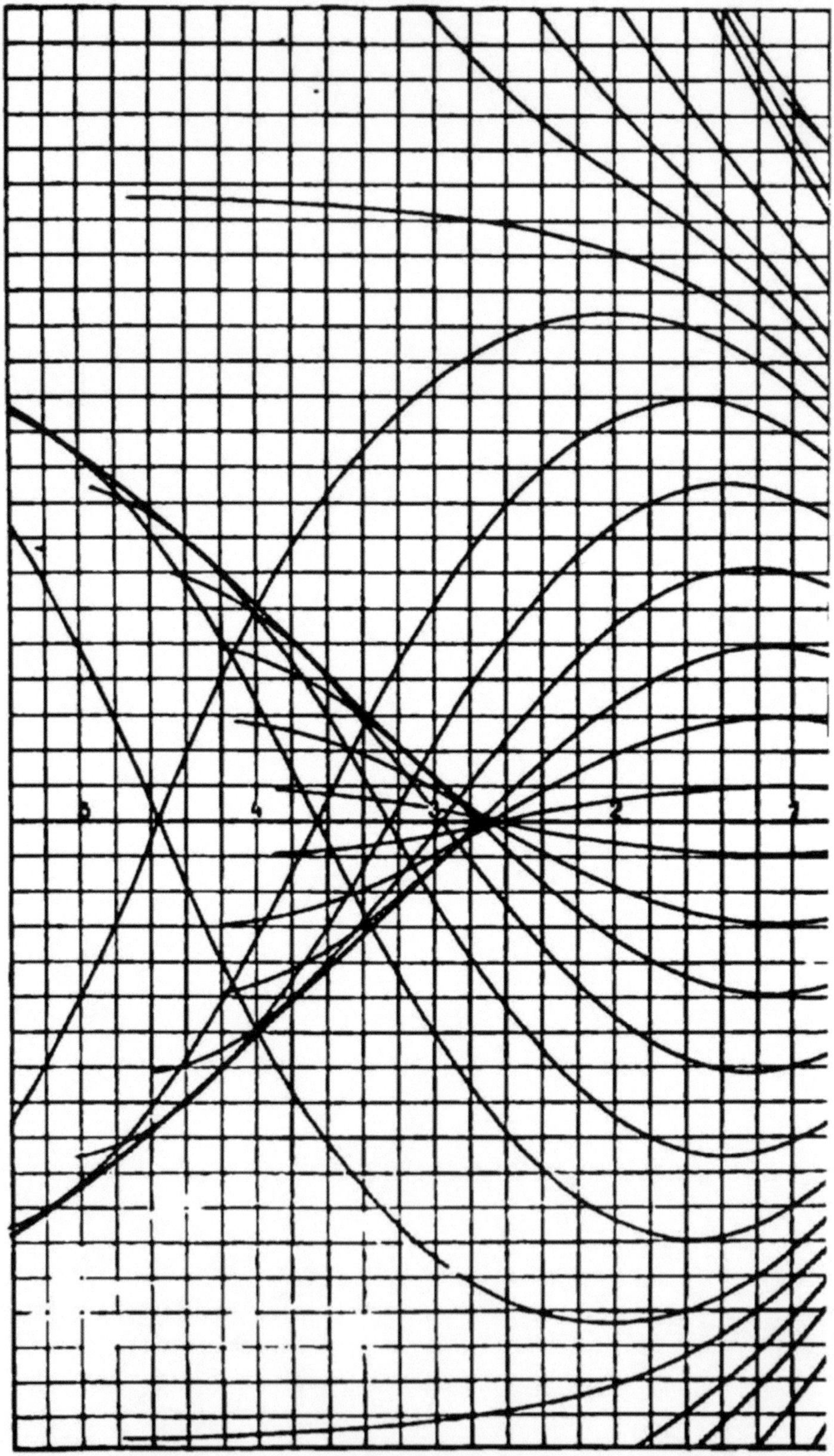
5
4
3
2
1

11.

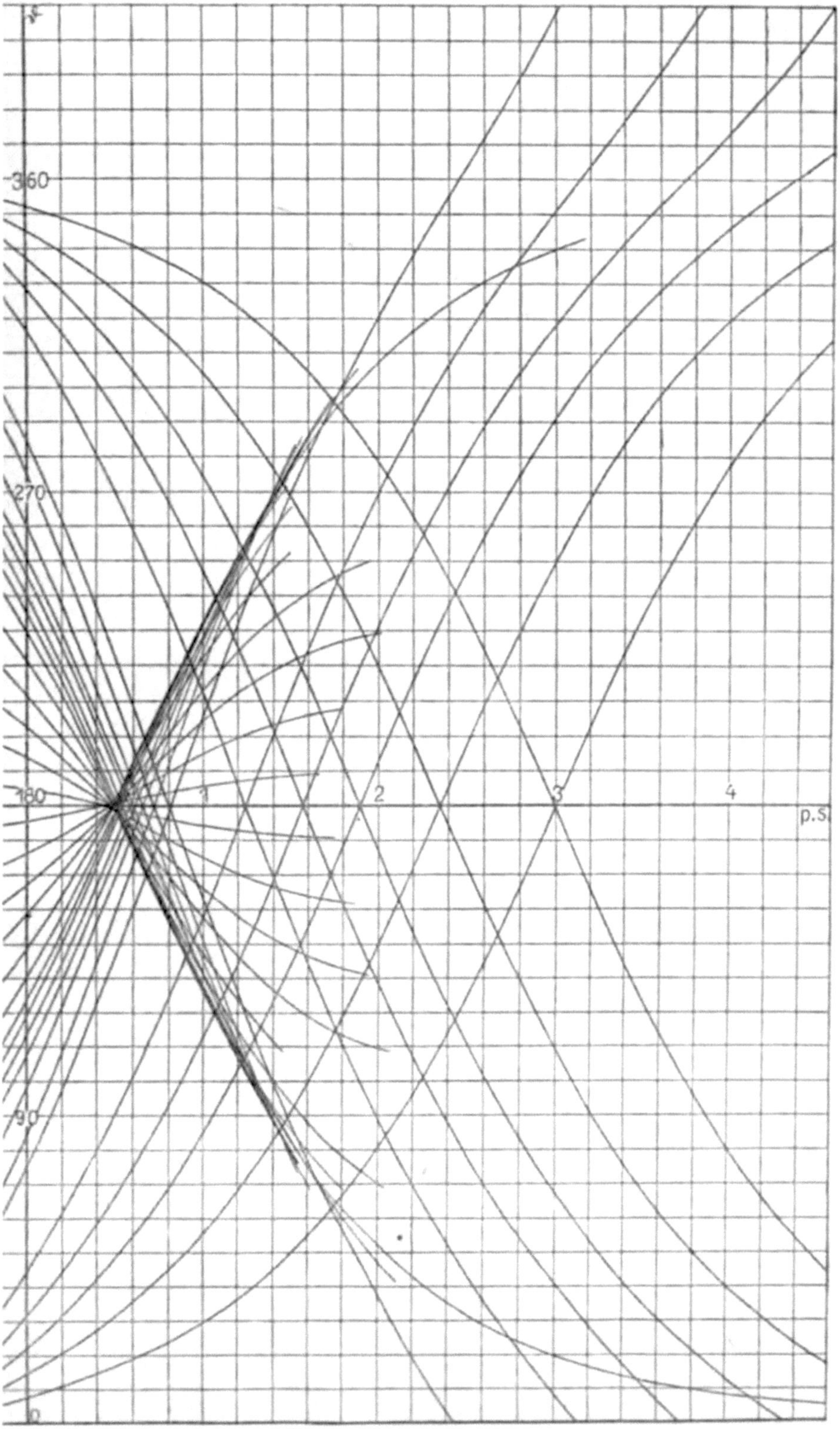

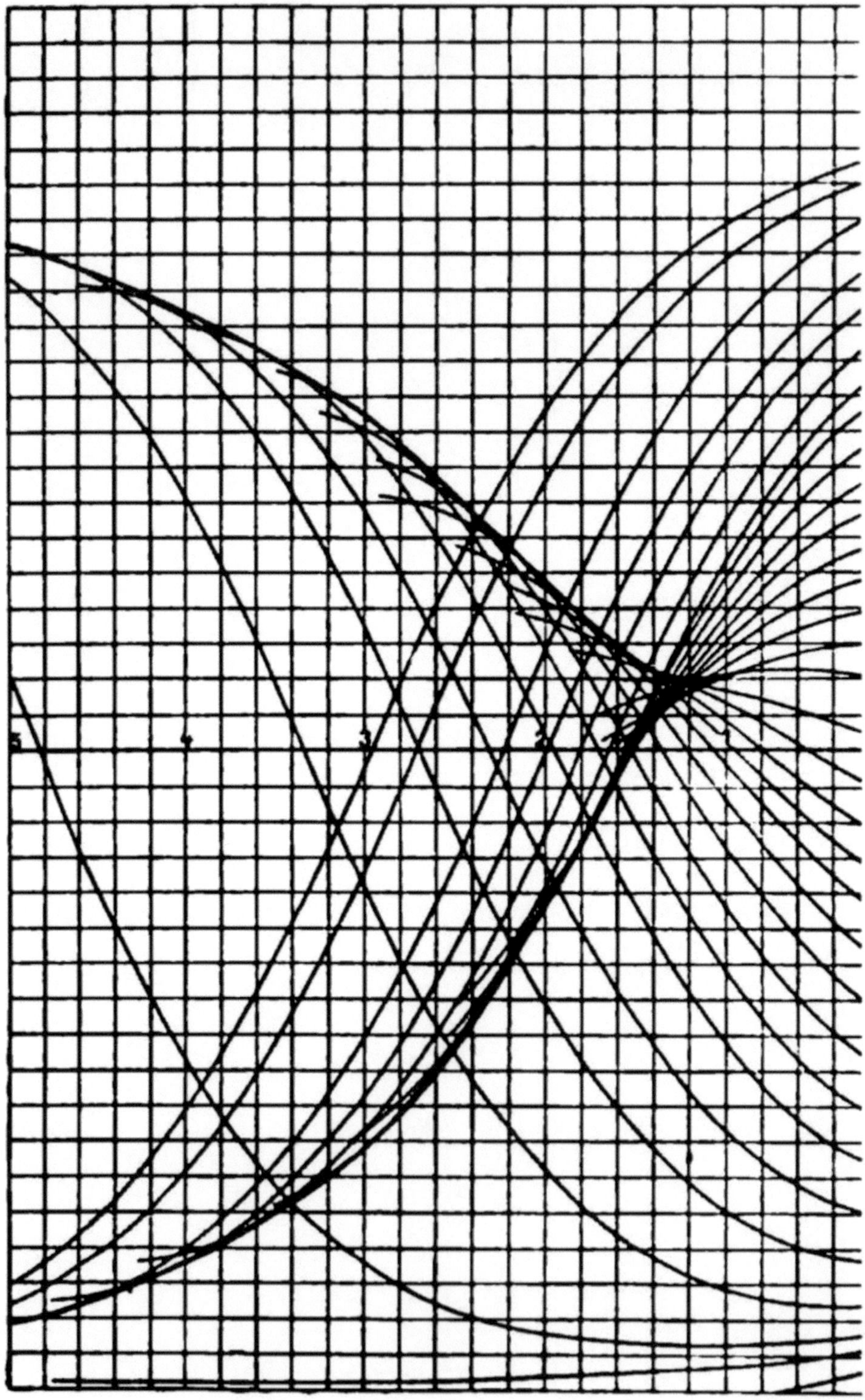
5
4
3
2
1

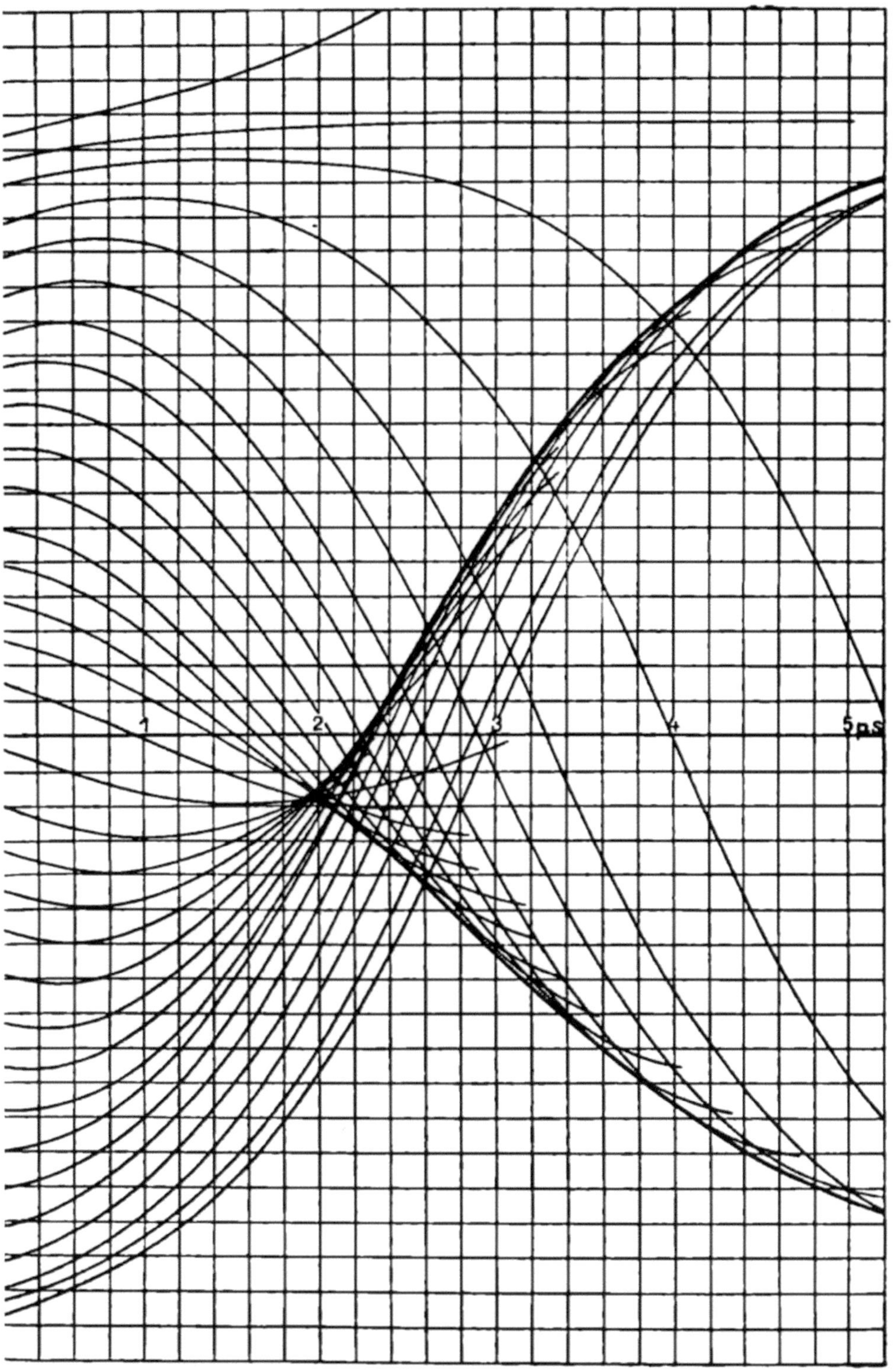

1
2
3
4
5 ps

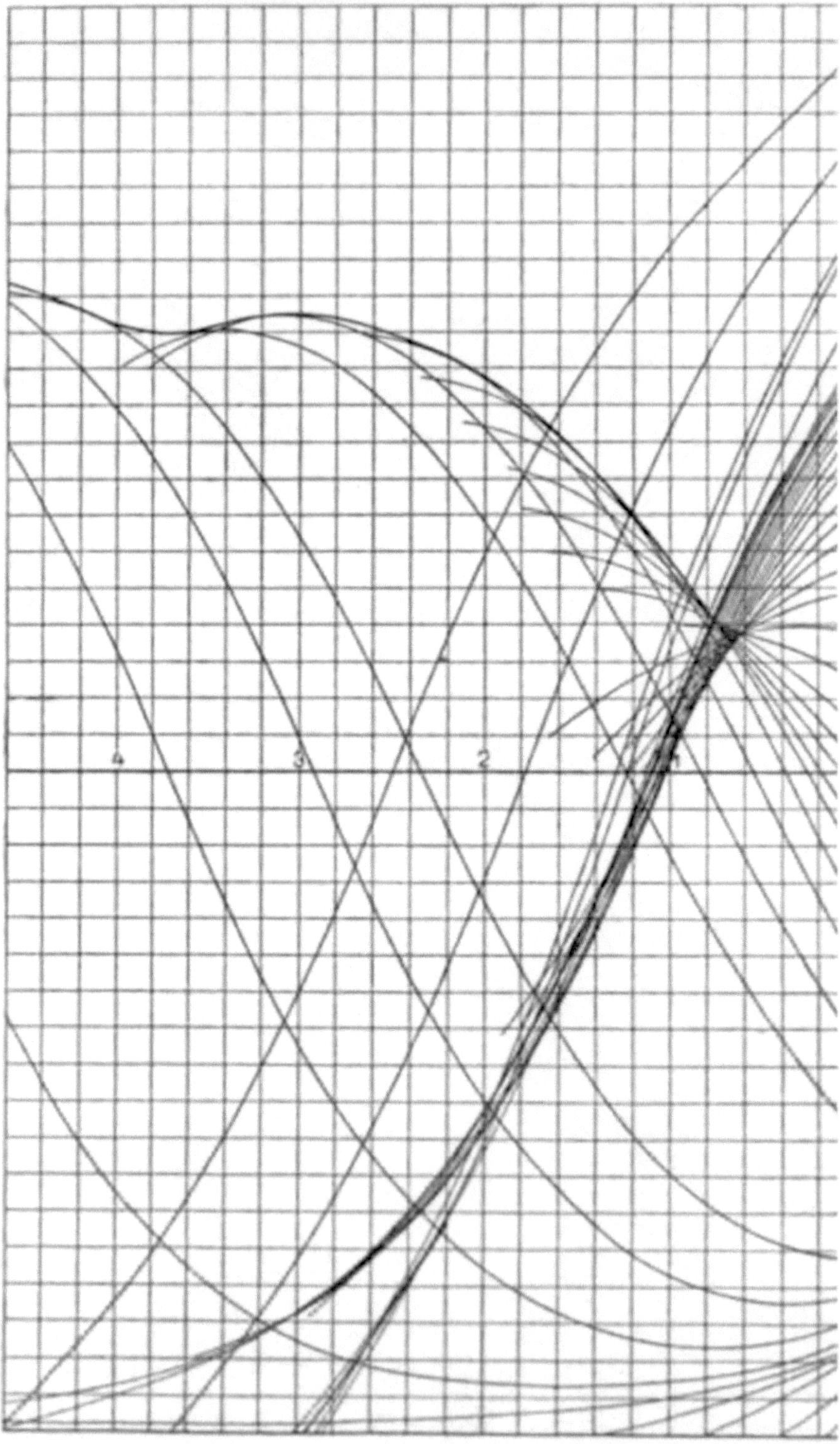

4
3
2
1

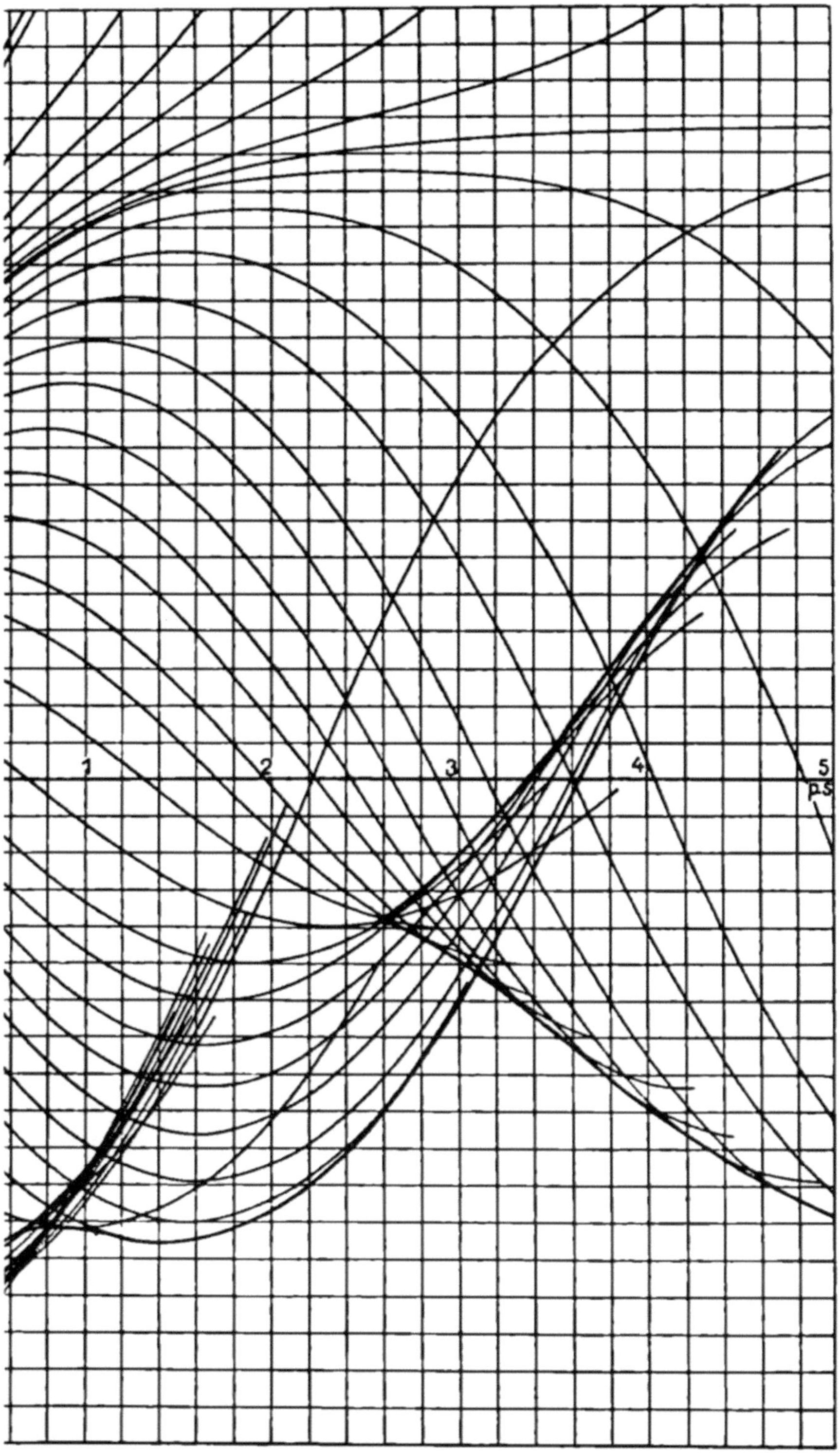

1
2
3
4
5
ps

Zu § 11 I.

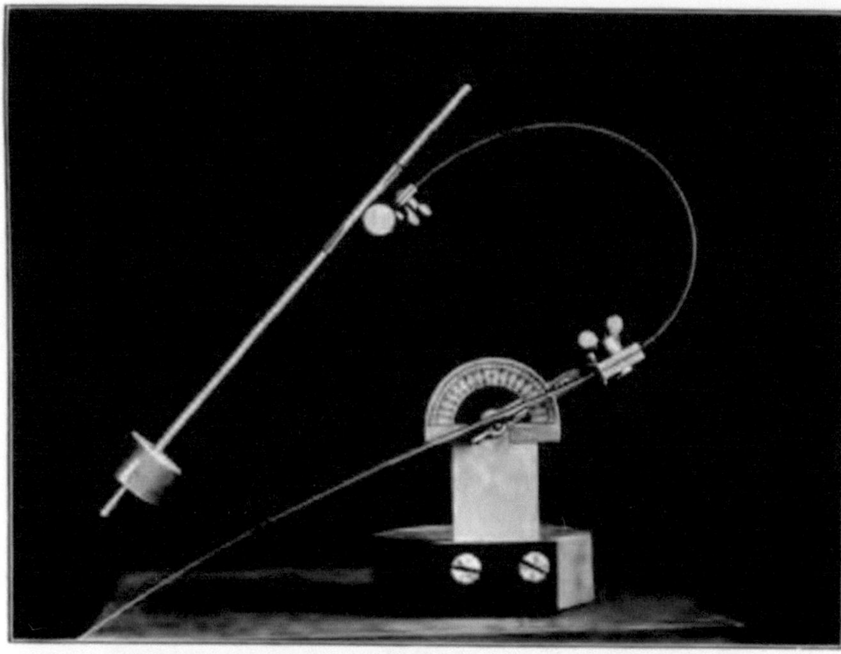

II.

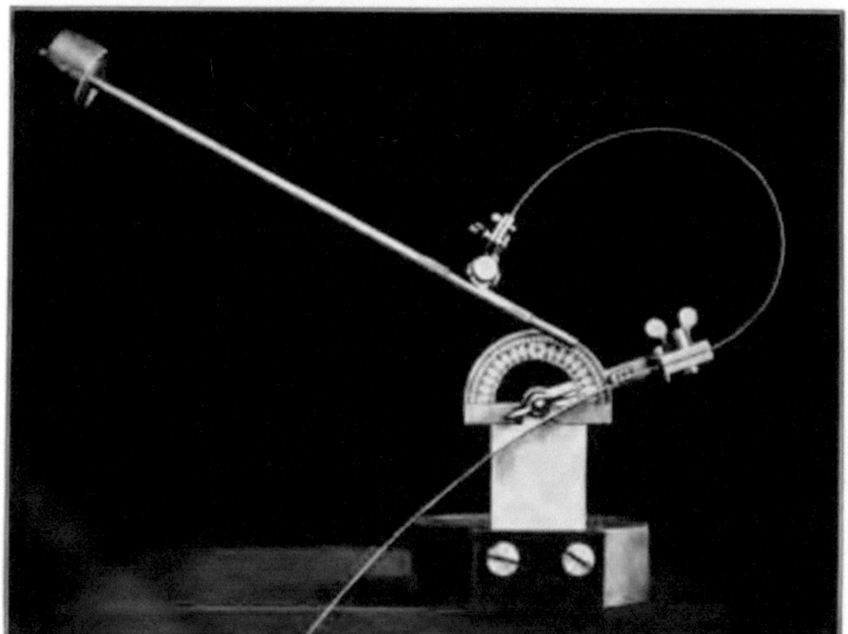

Zu § 11

III.

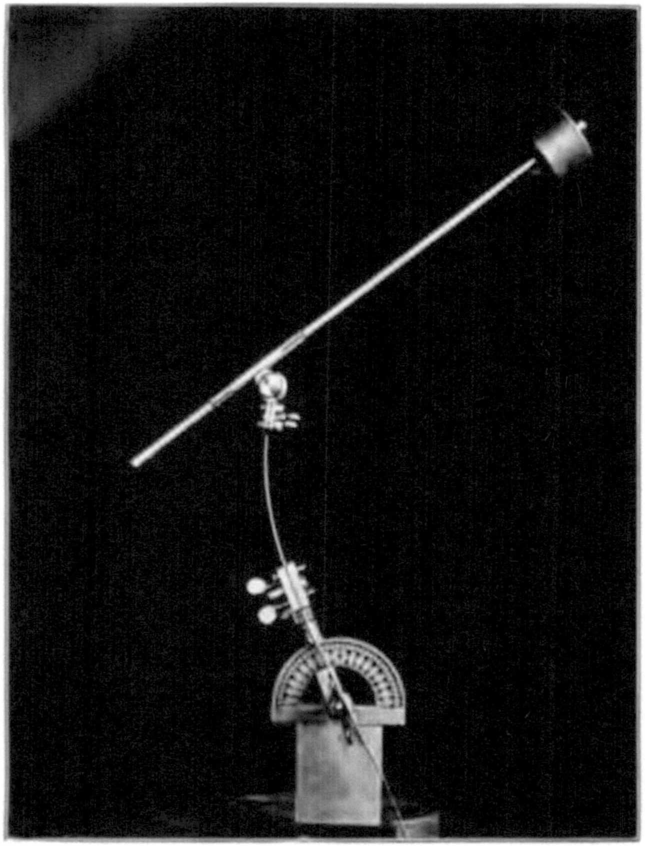

IV.

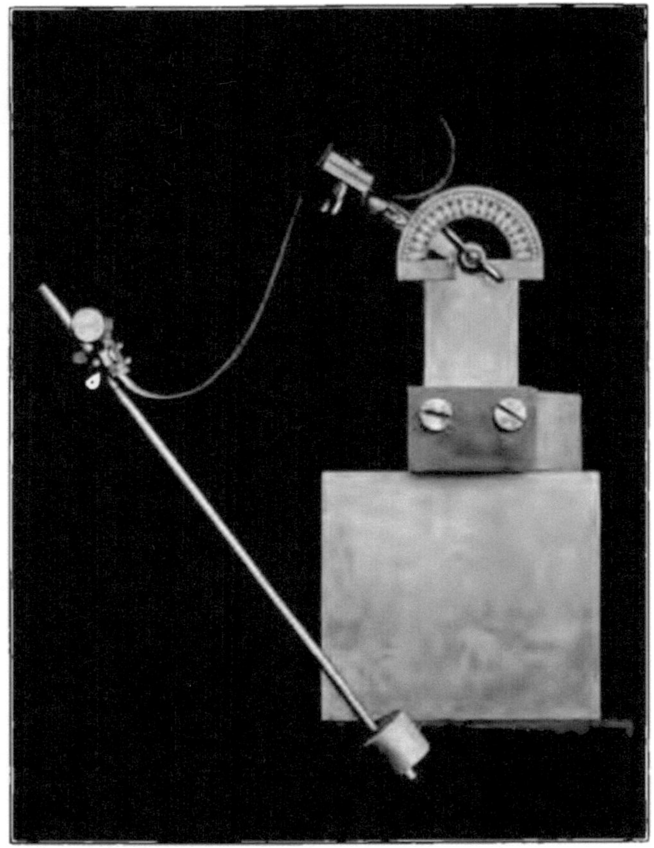

V

VI

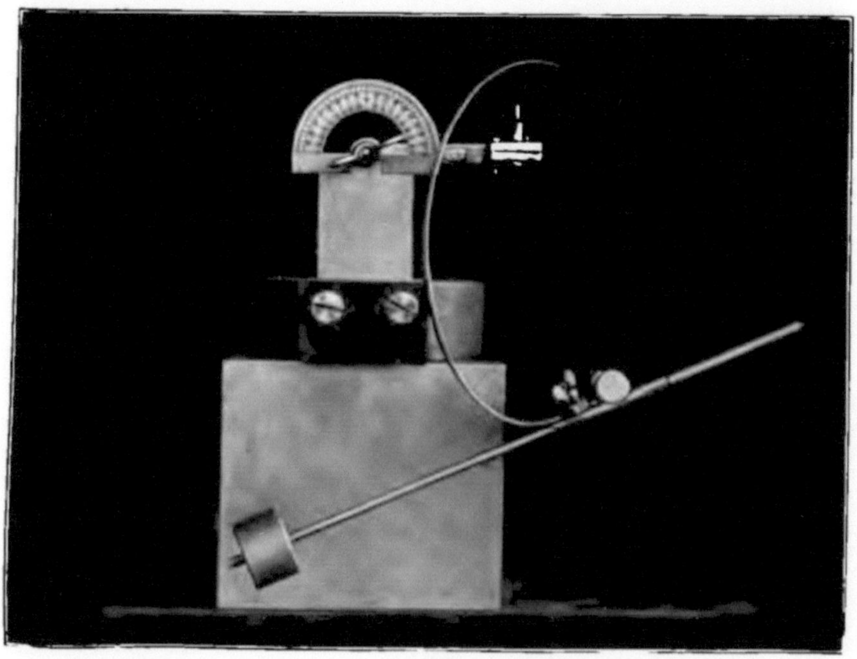

VII